食品质量检测

主 编 王德国
副主编 张永清 张晓华 张爱莉

科学出版社
北京

内 容 简 介

　　本书作为食品质量检测的实训指导，包含 3 部分内容，分别为食品检验机构资质认证质量体系理论与规范、食品检测项目实操手册和食品检测实习实训管理及考核评定。其中，第一部分简要介绍食品检验机构资质认证质量体系的相关理论和政策；第二部分基于检测方法和检测项目进行章节划分，详细介绍 10 类食品质量检测方法，既有常规食品理化检测方法和微生物学检验方法，又涉及使用不同大型仪器的检测方法，如气相色谱与气相色谱-质谱联用法、高效液相色谱与高效液相色谱-质谱联用法及原子吸收光谱法，内容充实、实用；第三部分分别对实训中的教师管理、学生管理及实训效果的评价要求进行介绍。

　　本书可供相关专业的学生及工作人员、食品质量安全检验相关机构的技术人员、食品质量安全检验相关监督管理部门的工作人员参考阅读。

图书在版编目（CIP）数据

食品质量检测 / 王德国主编. —北京：科学出版社，2017.10
ISBN 978-7-03-054799-6

Ⅰ.①食… Ⅱ.①王… Ⅲ.①食品检验 Ⅳ.①TS207.3

中国版本图书馆 CIP 数据核字（2017）第 247732 号

责任编辑：贾 超 宁 倩／责任校对：杜子昂
责任印制：张 伟／封面设计：东方人华

科 学 出 版 社 出版
北京东黄城根北街 16 号
邮政编码：100717
http://www.sciencep.com
北京九州迅驰传媒文化有限公司 印刷
科学出版社发行 各地新华书店经销
＊
2017 年 10 月第 一 版 开本：720×1000 B5
2019 年 1 月第二次印刷 印张：14 1/2
字数：300 000
定价：88.00 元
（如有印装质量问题，我社负责调换）

本书编委会

主　编：王德国

副主编：张永清　张晓华　张爱莉

参　编：（按姓氏笔画排序）

王德国　刘海英　李伟民　杨晓露

余小娜　宋春美　张永清　张晓华

张爱莉　郑晶晶　魏泉增

前　言

"民以食为天，食以安为先。"食品安全问题关系人民群众的切身利益。加入WTO以来，我国食品行业快速发展，食品总量稳步提升，食品种类日益多样化。但食品安全事件屡次发生，严重影响了人民的幸福感和安全感，也让民众对政府的监管制度产生了质疑，损害了政府的公信力。目前，我国的食品安全形势凸显了一个严峻问题——食品质量安全方面的专业人才还很缺乏。针对这一情况，本书在编写时，既注重常规食品理化检测方法和微生物学检验方法，又涉及使用不同大型仪器的检测方法，内容充实、实用。

近年来食品检测技术发展迅速，而许多相关教材的理论、技术相对陈旧。另外，食品质量检测的项目非常多，而现有教材中的章节多以检测项目为依据进行划分，着重介绍检测原理及意义，实验步骤不太详尽，结果表示与精密度很少被提及，影响具体的检测结果判定及结果的可靠性评判。此外，不少教材涉及的检测项目或方法的数量相对有限。

因此，本书结合最新颁布的国家标准或行业标准，紧跟食品检测专业的最新理论和技术动向，基于检测方法和检测项目进行章节划分，详细介绍10类食品质量检测方法。如气相色谱与气相色谱-质谱联用法、高效液相色谱与高效液相色谱-质谱联用法及原子吸收光谱法，内容详实；既对每种检测方法的原理和研究进展进行介绍，又包含每种检测方法及其检测意义的介绍；同时，本书注重实际操作方法，与食品检测的实际工作紧密结合，对食品质量检测的实训具有实际指导作用。

在结构体系上，本书既包含实训的具体科目，又分析了食品检测的理论基础和质量体系，同时还介绍了实训中对教师和学生的管理制度，以及实训的效果评价方法，是一本完整的食品质量检测实训指导书。

本书由王德国主编，各章负责人分工如下：张永清（第一篇、第三篇）、李伟民（第二篇第一章）、宋春美（第二篇第二章）、王德国（第二篇第三章）、张爱莉（第二篇第四章）、张晓华（第二篇第五章）、魏泉增（第二篇第六章）、郑晶晶（第二篇第七章）、刘海英（第二篇第八章）、余小娜（第二篇第九章）。

由于编者水平有限，书中难免存在欠妥之处，恳请有关专家和广大读者批评指正。

编　者

2017 年 6 月

目　　录

第三篇　食品检测实习实训管理及考核评定

第一篇

食品检验机构资质认证
质量体系理论与规范

新修订《中华人民共和国食品安全法》第 84 条明确规定"食品检验机构按照国家有关认证认可的规定取得资质认定后，方可从事食品检验活动"。"资质认定"的提法在法律的层级上出现，明确了食品检验机构从事食品检验活动必须取得资质认定，否则不得向社会出具具有证明作用的检验数据和结果。资质认定的条件由中华人民共和国国家卫生和计划生育委员会负责制定，由认证认可监督管理部门负责实施。

为规范食品检验机构资质认定工作、加强监督管理、提升食品检验机构的技术能力和管理水平，中华人民共和国国家卫生和计划生育委员会、国家质量监督检验检疫总局和国家认证认可监督管理委员会相继出台《食品检验机构资质认定条件》、《食品检验机构资质认定管理办法》和《食品检验机构资质认定评审准则》，对实验室在食品检验方面的特殊要求作出了具体的规定，明确了食品检验实验室在申请资质认定时必须达到的基本要求。随后，国家认证认可监督管理委员会又下发了《关于实施食品检验机构资质认定的通知》。这些文件和措施的出台，进一步统一和规范了食品检验机构资质认定工作，确保食品检验机构资质认定制度得到有效实施。

在建立食品检验体系文件时应参考《食品检验机构资质认定评审准则》、《食品检验机构资质认定条件》和《食品检验机构工作规范》。

食品安全监管离不开科学高效的检验检测技术，而检验质量是决定技术支撑作用的基础，准确可靠的检验数据来源于全面的质量管理体系。实验室的质量管理是一个持续改进、不断完善的过程。食品检测实验室能否持续满足《检测和校准实验室能力认可准则》CNAS-CL01：2006 和《食品检验机构资质认定评审准则》的要求，不仅关系到自身的生存和发展，而且关系到广大人民群众的饮食安全。

食品检验机构工作规范

第一条 为规范食品检验工作，依据《中华人民共和国食品安全法》（以下简称《食品安全法》）及其实施条例，制定本规范。

第二条 本规范适用于依据《食品安全法》及其有关规定开展的食品检验活动。

第三条 食品检验机构应当符合《食品检验机构资质认定条件》，按照国家有关认证认可规定通过资质认定后，在批准的检验能力范围内，按本规范和食品安全标准开展检验活动。

第四条 食品检验机构及其检验人应当尊重科学，恪守职业道德，保证出具的检验数据和结论客观、公正、准确，不得出具虚假或者不实数据和结果的检验报告。

第五条 食品检验机构及其检验人员应当独立于食品检验活动所涉及的利益相关方，应当有措施确保其人员不受任何来自内外部的不正当的商业、财务和其他方面的压力和影响，防止商业贿赂，保证检验活动的独立性、诚信和公正性。

第六条 食品检验实行食品检验机构与检验人负责制，食品检验机构和检验人对出具的食品检验报告负责，独立承担法律责任。

第七条 食品检验机构应当按照国家有关法律法规保障实验室安全。

第八条 当发生食品安全事故时，食品检验机构应当按照食品安全综合协调部门的安排，完成相应的检验任务。

第九条 食品检验机构应当健全组织机构，明确岗位职责和权限，建立和实施与检验活动相适应的质量管理体系。

第十条 食品检验机构应当使用现行有效的文件。

第十一条 食品检验机构应当配备与食品检验能力相适应的检验人员和技术管理人员，聘用具有相应能力的人员，建立人员的资格、培训、技能和经历档案。食品检验机构不得聘用国家法律法规禁止从事食品检验工作的人员。食品检验机构应当制订和实施培训计划，并对培训效果进行评价。

第十二条 食品检验机构应当具有与检验能力相适应的实验场所、仪器设备、配套设施及环境条件。

第十三条 食品检验机构应当保证仪器设备、标准物质、标准菌(毒)种的正常使用。

第十四条 食品检验机构应当建立健全仪器设备、标准物质(参考物质)、标准菌(毒)种档案。

第十五条　食品检验机构应当对影响检验结果的标准物质、试剂和消耗材料等供应品进行验收和记录，并定期对供应商进行评价，列出合格供应商名单。

第十六条　食品检验机构应当按照相关标准、技术规范或委托方的要求进行样品采集、流转、处置等，并保存相关记录。样品数量应当满足检验、复检工作的需要。

第十七条　食品检验机构应当对其所使用的标准检验方法进行验证，保存相关记录。

第十八条　食品检验机构在建立和使用食品检验非标准方法时，应当制定并符合相应程序，对其可靠性负责。

第十九条　接受食品安全监管部门委托建立和使用的非标准方法应当交由委托检验的部门进行确认，食品检验机构应当提交下述材料：

(一)定性检验方法的技术参数包括方法的适用范围、原理、选择性、检测限等。定量检验方法的参数包括方法的适用范围、原理、线性、选择性、准确度、重复性、再现性、检测限、定量限、稳定性、不确定度等。

(二)突发食品安全事件调查检验时，可仅提交方法的线性范围、准确度、重复性、选择性、检测限或定量限等确认数据。

第二十条　原始记录应当有检验人员的签名或盖章。食品检验报告应当有食品检验机构资质认定标志、食品检验机构公章或经法人授权的食品检验机构检验专用章、授权签字人签名。

第二十一条　食品检验报告和原始记录应当妥善保存至少五年，有特殊要求的按照有关规定执行。

第二十二条　食品检验机构出具的检验报告中如同时有获得资质认定(计量认证)的检验项目和未获得资质认定(计量认证)的检验项目时，应当对未获得资质认定(计量认证)的检验项目予以说明。

第二十三条　食品检验机构应当对检验活动实施内部质量控制和质量监督，有计划地进行内部审核和管理评审，采取纠正和预防等措施持续改进管理体系，不断提升检验能力，并保存质量活动记录。

第二十四条　食品检验机构应当公布检验的收费标准、工作流程和期限、异议处理和投诉程序。

第二十五条　食品检验机构应当在所从事的物理、化学、微生物和毒理学等食品检验领域每年至少参加一次实验室间比对或能力验证。

第二十六条　食品检验机构如应用计算机与信息技术进行实验室质量管理的，应当符合本规范附件的要求。

第二十七条　食品检验机构接受食品生产经营者委托对其生产经营的食品进

行检验，发现含有非食用物质时，食品检验机构应当及时向食品检验机构所在辖区县级以上食品安全综合协调部门报告，并保留书面报告的复印件、检验报告和原始记录。

第二十八条 食品检验机构应当接受其主管部门和资质认定部门的监督管理。食品检验机构应当按照监督管理部门的要求报告工作情况，包括任务完成情况、发现的问题和趋势分析等。

第二篇

食品检测项目实操手册

第一章 高温方法

食品中的各种成分均紧密结合在一起，在测定这些成分时，均需要一定的温度来破坏食品的结构，或实现相应成分的分离。

需要采用高温处理的检测项目很多，其中包括油脂烟点测定、食品灰分的测定、食品水分测定、食品中挥发物的测定、食品中不溶性杂质和食品中脂肪的抽提等。

第一节　烟点和冷冻

一、原理和方法

烟点是指在不通风的条件下加热油脂，观察到样品发烟时的温度。冷冻指降低温度，使物体凝固、冻结，也称制冷，是一种应用热力原理，用人工制造低温的方法，冰箱和空调都是采用制冷的原理。从化工的角度讲，一般都是采用一种临界点高的气体，将其加压液化，然后再使它气化吸热，反复进行这个过程，液化时在其他地方放热，气化时对需要的范围吸热。

油脂烟点检测的原始方法是目视法，受升温速度、温度计读数和个人的眼睛灵敏度影响，人为因素造成烟点测量的误差较大。现代主要使用专业的油脂烟点测定仪来进行测量，能够克服传统测量方法的弊端。冷冻可降低温度使物体凝固、冻结，能抑制微生物的繁殖，防止有机体腐败，便于储藏和搬运。

二、设备和材料

1. 设备

烟点箱、温度计(量程 10～50℃/0～300℃)、油样瓶、加热板、热源(调压器控制 1000 W 电炉)。

2. 材料

油样瓶 115 mL(直径约 40 mm)，瓶内必须清洁干燥、0℃冰水浴，容积为 2 L(高为 250 mm)、内装碎冰块的桶，软木塞和石蜡。

三、操作方法

(一)冷冻实验

(1)将混合均匀的油样加热至 130℃时，立即停止加热，并趁热过滤，将过滤油注入油样瓶中，用软木塞塞紧，冷却至 25℃，用石蜡封口，然后将油样瓶浸入 0℃的冰水浴中，用冰水覆盖，使冰水浴保持在 0℃(可随时补充冰块)，放置 5.5 h 后取出油样瓶并仔细观察脂肪结晶或絮状物(注：预先热处理的目的是除去微量的水分，并破坏可能出现的结晶核，因为两者都会影响实验，导致絮状物过早结晶)。

(2)如果需要延长冷冻实验时间，可在 5.5 h 后将油样瓶继续浸入冰水浴中，根据需要时间，再取出观察，观察后油样瓶尽快放回冰水浴，防止温度上升。

(二)烟点测定

(1)放置加热板，其凹槽向上，用调压器控制电炉的加热速率。

(2)将油脂样品小心地装入油样瓶中，其液面正好在装样线上，放入加热板的凹槽上，调整好仪器的位置，使照明光束刚好通过油样杯杯口中心。温度计垂直悬挂于油样瓶中心，使水银球离杯底 6.35 mm。

(3)迅速加热样品至烟点前 42℃左右，调整热源，使样品升温速率为 5～6℃/min。当初次观察到样品有少量、连续呈蓝色的烟(油脂中的热分解物)冒出时，温度计指示的温度即为烟点。

两次实验允许差不超过 2℃，求其平均值即为测试结果。

注意：①在样品开始连续发烟前，有股轻微的烟出现，这种情况可以忽略。②油样瓶要认真地清洗干净，以除去影响烟点的任何物质。

四、结果分析

冷冻实验要求：油样在实验中保持澄清、透明(注意切勿错误地认为分散在样品中的细小空气泡是脂肪结晶)的为合格样品。

烟点实验要求：烟点≥215℃的为合格样品。

第二节　食品中灰分的测定

一、原理和方法

灰分是指食品经过高温灼烧后所残留的无机物，是表示食品中无机成分总量的一项重要指标。但经过高温处理得到的残留物与食品中原来存在的无机成分并不完全相同，食品在灰化时，易挥发元素(氯、碘、铅等)会挥发散失，磷、硫等也能以含氧酸的形式挥发散失，使这些无机成分减少；某些金属氧化物会吸收有机物分解产生的二氧化碳而形成碳酸盐，又使无机成分增多，故灰分并不能准确地表示食品中原来的无机成分的总量，通常把食品经高温灼烧后的残留物称为粗灰分(也称总灰分)。除测定食品总灰分外，还包括水溶性灰分(大部分为钾、钠、钙、镁的氧化物和盐等可溶性盐类)、水不溶性灰分(泥沙和铁、铝等的氧化物及碱土金属的碱式磷酸盐等)和酸不溶性灰分(泥沙和食品中原来存在的微量氧化硅等)。

灰分是某些食品重要的质量控制指标，测定灰分具有十分重要的意义。不同的食品因所用原料、加工方法及测定条件不同，灰分的组成和含量也不相同。灰分还可以评价食品的加工精度和品质，例如，在面粉加工中，常以总灰分评价面粉等级，面粉的加工精度越高，总灰分含量越低；总灰分含量还可说明果胶、明胶等胶质品的胶冻性能；水溶性灰分含量可反映果酱、果冻等制品中果汁的含量。

二、设备和材料

1. 设备

高温炉(最高使用温度≥950℃)、分析天平、石英坩埚或瓷坩埚、干燥器(内有干燥剂)、电热板、恒温水浴锅。

2. 材料

乙酸镁、浓盐酸，所用试剂均为分析纯，水为三级水。

三、操作方法

(一)预处理

1. 含磷量较高的食品和其他食品

取大小适宜的石英坩埚或瓷坩埚，置于高温炉中，在(550±25)℃下，灼烧30 min，冷却至200℃左右取出，转入干燥器中冷却30 min，准确称量。重复灼烧至前后两次称量相差不超过0.5 mg为恒量。

2. 淀粉类食品

坩埚先用沸腾的稀盐酸洗涤，再用大量自来水洗涤，最后用蒸馏水冲洗。将洗净的坩埚置于高温炉内，在(900±25)℃下灼烧30 min，并在干燥器内冷却至室温，称量，精确至0.0001 g。

(二) 称样

含磷量较高的食品和其他食品: 灰分含量≥10 g/100 g 的试样称取 2~3 g (精确至 0.0001 g); 灰分含量≤10 g/100 g 的试样称取 3~10 g (精确至 0.0001 g, 对于灰分含量更低的样品可适当增加称样量)。淀粉类食品: 迅速称取样品 2~10 g (马铃薯淀粉、小麦淀粉及大米淀粉至少称 5 g, 玉米淀粉和木薯淀粉称 10 g), 精确至 0.0001 g。将样品均匀分布在坩埚内, 不要压紧。

(三) 测定

1. 含磷量较高的豆类及其制品、肉禽及其制品、蛋及其制品、水产及其制品、乳及乳制品

(1) 称取试样后, 加入 1.00 mL 乙酸镁溶液 (240 g/L) 或 3.00 mL 乙酸镁溶液 (80 g/L), 使试样完全润湿。放置 10 min 后, 在水浴上将水分蒸干, 在电热板上以小火加热使试样充分炭化至无烟, 然后置于高温炉中, 在 (550±25)℃灼烧 4 h。冷却至 200℃左右取出, 放入干燥器中冷却 30 min, 称量前如发现灼烧残渣有炭粒时, 应向试样中滴入少许水润湿, 使结块松散, 蒸干水分再次灼烧至无炭粒即表示灰化完全, 方可称量。重复灼烧至前后两次称量相差不超过 0.5 mg 为恒量。

(2) 吸取 3 份与上述相同浓度和体积的乙酸镁溶液, 做 3 次试剂空白实验。当 3 次实验结果的标准偏差小于 0.003 g 时, 取算术平均值作为空白值。若标准偏差大于或等于 0.003 g 时, 应重新做空白实验。

2. 淀粉类食品

将坩埚置于高温炉口或电热板上, 半盖坩埚盖, 小心加热使样品在通气情况下完全炭化至无烟, 即刻将坩埚放入高温炉内, 将温度升高至 (900±25)℃, 保持此温度直至剩余的碳全部消失为止, 一般 1 h 可灰化完毕, 冷却至 200℃左右取出, 放入干燥器中冷却 30 min, 称量前如发现灼烧残渣有炭粒时, 应向试样中滴入少许水润湿, 使结块松散, 蒸干水分再次灼烧至无炭粒即表示灰化完全, 方可称量。重复灼烧至前后两次称量相差不超过 0.5 mg 为恒量。

3. 其他食品

液体和半固体试样应先在沸水浴上蒸干。固体或蒸干后的试样, 先在电热板上以小火加热使试样充分炭化至无烟, 然后置于高温炉中, 在 (550±25)℃灼烧 4 h。冷却至 200℃左右取出, 放入干燥器中冷却 30 min, 称量前如发现灼烧残渣有炭粒时, 应向试样中滴入少许水润湿, 使结块松散, 蒸干水分再次灼烧至无炭粒即表示灰化完全, 方可称量。重复灼烧至前后两次称量相差不超过 0.5 mg 为恒量。

四、结果分析

1. 以试样质量计

(1)加入乙酸镁溶液的试样，试样中灰分的含量按式(1-1)计算：

$$X_1 = \frac{m_1 - m_2 - m_0}{m_3 - m_2} \times 100 \qquad (1-1)$$

式中，X_1——加入乙酸镁溶液的试样中灰分的含量，g/100g；

　　　m_1——坩埚和灰分的质量，g；

　　　m_2——坩埚的质量，g；

　　　m_0——氧化镁（乙酸镁灼烧后生成物）的质量，g；

　　　m_3——坩埚和试样的质量，g；

　　　100——单位换算系数。

(2)未加乙酸镁溶液的试样，试样中灰分的含量按式(1-2)计算：

$$X_2 = \frac{m_1 - m_2}{m_3 - m_2} \times 100 \qquad (1-2)$$

式中，X_2——未加乙酸镁溶液的试样中灰分的含量，g/100g；

　　　m_1——坩埚和灰分的质量，g；

　　　m_2——坩埚的质量，g；

　　　m_3——坩埚和试样的质量，g；

　　　100——单位换算系数。

2. 以干物质计

(1)加入乙酸镁溶液的试样中灰分的含量，按式(1-3)计算：

$$X_1 = \frac{m_1 - m_2 - m_0}{(m_3 - m_2) \times w} \times 100 \qquad (1-3)$$

式中，X_1——加入乙酸镁溶液的试样中灰分的含量，g/100g；

　　　m_1——坩埚和灰分的质量，g；

　　　m_2——坩埚的质量，g；

　　　m_0——氧化镁（乙酸镁灼烧后生成物）的质量，g；

　　　m_3——坩埚和试样的质量，g；

　　　w——试样干物质含量（质量分数），%；

　　　100——单位换算系数。

(2)未加乙酸镁溶液的试样中灰分的含量，按式(1-4)计算：

$$X_2 = \frac{m_1 - m_2}{(m_3 - m_2) \times w} \times 100 \tag{1-4}$$

式中，X_2——未加乙酸镁溶液的试样中灰分的含量，g/100g；

m_1——坩埚和灰分的质量，g；

m_2——坩埚的质量，g；

m_3——坩埚和试样的质量，g；

w——试样干物质含量(质量分数)，%；

100——单位换算系数。

试样中灰分含量≥10 g/100 g 时，保留三位有效数字；试样中灰分含量<10 g/100 g 时，保留两位有效数字。

第三节　粮油检验植物油脂加热实验

一、原理和方法

植物油脂是由脂肪酸和甘油化合而成的天然高分子化合物，广泛分布于自然界中。凡是从植物种子、果肉及其他部分提取所得的脂肪统称植物油脂。油脂有一定的保质期，放置时间太久的油不要食用。根据来源，食用油脂可分为植物油脂和动物油脂。常见的植物油脂包括豆油、花生油、菜籽油、芝麻油、玉米油等；常见的动物油脂包括猪油、牛油、羊油、鱼油等。

油脂中含有的磷脂和亲水性物质一般采用脱胶方法去除，因为这些物质对后续工艺的加工有一定的影响。通常用 280℃加热实验评价油脂的脱胶工艺效果，而 280℃加热实验中油脂颜色的变化，即变浅、变深、变黑均由检测者目视判断，人为误差较大。为改进测定方法，本书增加了对油样在加热前后进行比色(罗维朋目视比色)的方法来判定测定结果，避免人为因素造成的误差，以达到检验油脂品质的目的。

常用的油脂色泽测定方法有目视法、罗维朋目视比色计法、重铬酸钾法等。罗维朋目视比色计法是用标准颜色玻璃片与油脂的色泽进行比较，此法是目前国际上通行的检验方法。

罗维朋目视比色计法测定油脂的色泽存在以下几个问题：①油样必须清澈透明，混浊的样品则难以测定。②同一类油脂本身的"底色"不一致，测定时黄色的参比值是固定的。③如不固定黄色值，那么油脂的色泽将有两个变量(如加蓝色片时为 3 个变量)，不便于比较，因此只好固定黄色片。但是根据罗维朋目视比色计法原理，当黄色变化后，红色也要发生变化，所以目前的罗维朋目视比色计法是在固定黄色条件下测得的相对值。④对相同的样品，不同操作者因视觉判断差异会得到不一致的测定结果，即个人偏差。⑤同一品种不同级别的油品，测定时选用不同大小的比色槽，操作起来比较麻烦。⑥罗维朋比色计法只能进行间断操作，不能实现连续化和自动化。⑦标准玻璃色片的颜色会随着使用时间的延长而逐渐"失准"，灯泡和反光片需要定时更换，否则会影响测定结果的准确性。

二、设备和材料

1. 设备

电炉(1000 W 可调)、罗维朋比色计、温度计(0～300℃)。

2. 材料

装有细沙的金属盘(沙浴盘)或石棉网、100 mL 烧杯、铁支柱。

三、操作方法

(1)水平放置罗维朋比色计，安装好观测管和碳酸镁片，观察光源是否完好。将混匀并澄清(或过滤)的试样注入 25.4 mm 比色槽上口约 5 mm 处。将比色槽置于比色计中。打开光源，先移动黄色、红色玻璃片与油样色近似相同为止。如果油色有青绿色，须配入蓝色玻璃片，这时移动红色玻璃片，使配入蓝色玻璃片的号码达到最小值为止，记下黄、红或黄、红、蓝玻璃片的色值各自的总数，即为被测初始样品的色值。

(2)取混匀样品约 50 mL 置于 100 mL 烧杯内，在带有沙浴盘的电炉上加热，用铁支柱悬挂温度计，使水银球恰在试样中心，经 16～18 min 加热使试样温度升至 280℃(亚麻酸加热至 282℃)，取下烧杯，趁热观察有无析出物。

(3)将加热后的样品冷却至室温，注入 25.4 mm 比色槽中，达到距离比色槽上约 5 mm 处。将比色槽置于已调好的罗维朋比色计中。按照初始样品的黄色值固定黄色玻璃片色值，打开光源，移动红色玻璃片调色，直至玻璃片色与样品色接近；如果油色变浅，移动红色玻璃片调色，至玻璃片色与油样色基本接近为止。如果有青绿色，须配入蓝色玻璃片，这时移动红色玻璃片，使配入蓝色玻璃片的号码达到最小值为止，记下黄、红或黄、红、蓝、玻片的色值各自的总数，即为被测油样的色值。

四、结果分析

观察实验结果用"无析出物"、"有微量析出物"、"有多量析出物"中的一个表示。

第四节　食品中水分的测定

一、原理和方法

　　食品中的水分是食品的天然成分，不同的食品，水分含量差别很大。控制食品的水分含量，对于保持食品良好的感观性状、维持食品中其他组分的平衡关系、保证食品具有一定的保存期限等均有重要作用。各种食品中水分含量差别很大，如鲜果 69.7%～92.5%、鲜蔬 79.7%～97.1%、鲜瘦肉 52.6%～77.4%、牛奶 87.0%～87.5%、奶粉 3.0%～5.0%、鲜蛋 67.3%～74.0%、脱水蔬菜 6%～9%、面粉 12%～14%、饼干 2.5%～4.5%、主食面包 32%～36%、花色面包 36%～42%。

　　食品中水分的测定方法见诸文献的还有很多，如卡尔·费休法、水分活性值测定法、密度法、吸湿剂吸水法、碳化钙法、电导率法、介电常数法、折射率法等。由于食品中水分存在形式不同，以及食品适于经受测定的处理方式不同，对食品中水分的测定有多种不同的方法。国家标准方法包括 GB/T 14769—2010《食品中水分的测定方法》和 GB 5009.3—2016《食品安全国家标准食品中水分的测定》。

二、设备和材料

　　1. 设备

　　扁形铝制或玻璃制称量瓶、电热恒温干燥箱、干燥器、天平。

　　2. 材料

　　氢氧化钠、盐酸、海砂(取用水洗去泥土的海砂、河砂、石英砂或类似物，先用 6 mol/L 盐酸溶液煮沸 30 min，用水洗至中性，再用 6 mol/L 氢氧化钠溶液煮沸 30 min，用水洗至中性，经 105℃干燥备用)。所用试剂均为分析纯，水为三级水。

三、操作方法

　　1. 固体试样

　　取洁净铝制或玻璃制的扁形称量瓶，置于 101～105℃干燥箱中，瓶盖斜支于瓶边，加热 1.0 h，取出盖好，置于干燥器内冷却 30 min，称量，并重复干燥至前后两次质量差不超过 2 mg，即为恒量。将混合均匀的试样迅速磨细至颗粒小于 2 mm，不易研磨的样品应尽可能切碎，称取 2～10 g 试样(精确至 0.0001 g)，放入此称量瓶中，试样厚度不超过 5 mm，如为疏松试样，厚度不超过 10 mm，加盖，精密称量后，置于 101～105℃干燥箱中，瓶盖斜支于瓶边，干燥 2～4 h 后，盖好取出，放入干燥器内冷却 30 min 后称量。然后再放入 101～105℃干燥箱中干燥 1.0 h 左右取出，放入干燥器内冷却 30 min 后再称量。并重复以上操作至前后两次质量差不超过 2 mg，即为恒量。

注意：两次恒量值在最后计算中，取质量较小的一次称量值。

2. 半固体或液体试样

取洁净的称量瓶，内加 10 g 海砂(实验过程中可根据需要适当增加海砂的质量)及一根小玻璃棒，置于 101～105℃干燥箱中，干燥 1.0 h 后取出，放入干燥器内冷却 30 min 后称量，并重复干燥至恒量。然后称取 5～10 g 试样(精确至 0.0001 g)，置于称量瓶中，用小玻璃棒搅匀放在沸水浴上蒸干，并随时搅拌，擦去瓶底的水滴，置于 101～105℃干燥箱中干燥 4 h 后盖好取出，放入干燥器内冷却 30 min 后称量。然后再放入 101～105℃干燥箱中干燥 1 h 左右取出，放入干燥器内冷却 30 min 后再称量。并重复以上操作至前后两次质量差不超过 2 mg，即为恒量。

四、结果分析

试样中的水分含量按式(1-5)进行计算：

$$X = \frac{m_1 - m_2}{m_1 - m_3} \times 100 \tag{1-5}$$

式中，X——试样中水分的含量，g/100 g；

m_1——称量瓶(加海砂、玻璃棒)和试样的质量，g；

m_2——称量瓶(加海砂、玻璃棒)和试样干燥后的质量，g；

m_3——称量瓶(加海砂、玻璃棒)的质量，g；

100——单位换算系数。

水分含量≥1 g/100 g 时，计算结果保留三位有效数字；水分含量<1 g/100 g 时，计算结果保留两位有效数字。

第五节　动植物油脂水分及挥发物含量测定

一、原理和方法

水分及挥发物含量指的是样品在(103±2)℃的条件下对样品进行加热时，样品损失的质量。

二、设备和材料

1. 设备

分析天平、温度计(80～110℃，100 mm 长水银球加固，上端具有膨胀室)、沙浴或电热板、干燥器。

2. 材料

碟子(陶瓷或玻璃的平底碟，直径 80~90 mm，深约 30 mm)。

三、操作方法

1. 试样准备

在预先干燥并与温度计一起称量的碟子中，称量试样 20 g，精确至 0.001 g。

2. 测定

将装有样品的碟子在沙浴或电热板上加热至 90℃，升温速率控制在 10℃/min 左右，边加热边用温度计搅拌。降低加热速率观察碟子底部气泡的上升，控制温度上升至(103±2)℃，确保不超过 105℃。继续搅拌至碟子底部无气泡放出。为确保水分完全散尽，重复数次加热至(103±2)℃、冷却至90℃的步骤，将碟子和温度计置于干燥器中，冷却至室温，称量，精确至 0.001 g。重复上述操作，直至连续 2 次结果不超过 2 mg。测定次数：2 次平行测定。

四、结果分析

水分及挥发物含量(X)以质量分数表示，按式(1-6)计算：

$$X = \frac{m_1 - m_2}{m_1 - m_0} \times 100 \tag{1-6}$$

式中，X——水分及挥发物含量，%；

$\quad m_1$——加热前碟子、温度计和试样的质量或玻璃容器和试样品的质量，g；

$\quad m_2$——加热后碟子、温度计和试样的质量或玻璃容器和试样品的质量，g；

$\quad m_0$——碟子和温度计的质量或玻璃容器的质量，g。

两次测定结果的算术平均值应符合重复性的要求，结果保留 2 位小数。

第六节　食品中粗脂肪的测定

一、原理和方法

脂类是脂肪和类脂的总称。人体所需能量的 20%~30%是由脂类提供的。食物中的油脂主要是油和脂肪，一般把常温下是液体的称作油，而把常温下是固体的称作脂肪。脂肪由 C、H、O 三种元素组成。脂肪是由甘油和脂肪酸组成的三酰甘油酯,其中甘油的分子比较简单,而脂肪酸分子的种类和长短却不相同。脂肪酸分三大类:饱和脂肪酸、单不饱和脂肪酸、多不饱和脂肪酸。脂肪可溶于多数有机溶剂,但不溶于水。脂肪是一种或一种以上脂肪酸的甘油酯 $C_3H_5(OOCR)_3$。

脂肪是食品中重要的营养成分之一,可为人体提供必需氨基酸。脂肪也是一种富含热能的营养物质,是人体热能的主要来源,每克脂肪在体内可提供 37.62 kJ 的热能,比碳水化合物和蛋白质高 1 倍以上。脂肪还是脂溶性维生素的良好溶剂,有助于脂溶性维生素的吸收。脂肪与蛋白质结合生成脂蛋白,在调节人体生理机能和完成体内生化反应方面都有十分重要的作用。但过量摄入脂肪对人体健康也是不利的。

在食品加工生产过程中,原料、半成品、成品的脂类含量对产品的风味、组织结构、品质、外观、口感等都有直接的影响。蔬菜本身的脂肪含量很低,在生产蔬菜罐头时,添加适量的脂肪可以改善产品的风味;对于面包类的焙烤食品,脂肪含量特别是卵磷脂等组分,对面包心的柔软度、面包的体积及其结构都有影响。因此,在含脂肪的食品中,对脂肪含量都有一定的规定,是食品质量管理的一项重要指标。测定食品的脂肪含量,可以用来评价食品的品质、衡量食品的营养价值,而且对实行工艺监督、生产过程的质量管理、研究食品的储藏方式是否恰当等方面都有重要意义。

二、设备和材料

1. 设备

索氏提取器。

2. 材料

无水乙醚或石油醚、海砂[取用水洗去泥土的海砂或河砂,先用盐酸(1+1)煮沸 30 min,用水洗至中性,再用氢氧化钠溶液(240 g/L)煮沸 30 min,用水洗至中性,经 105℃干燥备用]。

三、操作方法

1. 样品处理

(1)固体样品:谷物或干燥制品用粉碎机粉碎过 40 目筛;肉用绞肉机绞两次;一般用组织捣碎机捣碎后,精确称取 2.00~5.00 g(可取测定水分后的样品),必要时拌以海砂,全部移入滤纸筒内。

(2)液体或半固体样品:称取 5.00~10.00 g,置于蒸发皿中,加入海砂约 20 g 于沸水浴上蒸干后,再于(100±5)℃干燥,研细,全部移入滤纸筒内。蒸发皿及附有试样的玻璃棒,均用蘸有乙醚的脱脂棉擦净,并将棉花放入滤纸筒内。

2. 抽提

将滤纸筒放入脂肪抽提器的抽提筒内，连接已干燥至恒量的接收瓶，由抽提器冷凝管上端加入无水乙醚或石油醚至瓶内容积的 2/3 处，置于水浴上加热，使乙醚或石油醚不断回流提取(6～8 次/h)，一般抽提 6～12 h。

3. 称量

取下接收瓶，回收乙醚或石油醚，待接收瓶内乙醚剩 1～2 mL 时置于水浴上蒸干，再于(100±5)℃干燥 2 h，放在干燥器内冷却 0.5 h 后称量，重复以上操作直至恒量。

四、结果分析

粗脂肪含量(X)以质量分数表示，按式(1-7)计算：

$$X = \frac{m_1 - m_0}{m_2} \times 100 \tag{1-7}$$

式中，X——试样中粗脂肪的含量，%；

$\quad$ m_1——接收瓶和粗脂肪的质量，g；

$\quad$ m_0——接收瓶的质量，g；

$\quad$ m_2——试样的质量(如是测定水分后的样品，按测定水分前的质量计)，g。

计算结果表示到小数点后一位。

第七节　固形物含量测定

一、原理和方法

固形物就是不溶于水的可食物质。不同产品的固形物有不同的意义：①白酒中固形物：白酒经蒸发、烘干后，不挥发性物质残留于器皿中，用称量法测定。②酱油、食醋中无盐固形物：酱油、食醋经蒸发、烘干后，不挥发性物质残留于器皿中，用称量法测定，除去盐分。③固形物分为可溶性固形物与不溶性固形物，总固形物=可溶性固形物+不溶性固形物。④罐头食品固形物：沥干物质量(含油脂)占标明净含量的百分比。

二、设备和材料

1. 设备

电热干燥箱、分析天平、干燥器。

2. 材料

移液管、100 mL 瓷蒸发皿。

三、操作方法

吸取样品 50.0 mL，注入已烘干至恒量的 100 mL 瓷蒸发皿中，置于沸水浴上，蒸发至干，然后将蒸发皿放入(103±2)℃电热干燥箱内，烘干 2 h 取出，置于干燥器内 30 min，称量，再放入(103±2)℃电热干燥箱内，烘干 1 h 取出，置于干燥器内 30 min，称量。重复上述操作，直至恒量。

四、结果分析

样品中固形物含量计算式见式(1-8)：

$$X = \frac{m - m_1}{50.0} \times 1000 \tag{1-8}$$

式中，X——样品中固形物的质量浓度，g/L；

　　　m——固形物和蒸发皿的质量，g；

　　　m_1——蒸发皿的质量，g；

　　　50.0——吸取样品的体积，mL。

所得结果应保留两位小数。

第八节　植物油不溶性杂质含量测定

一、原理和方法

植物油不溶性杂质是指油中不溶于正己烷或石油醚等有机溶剂的残留物。油脂中的杂质不仅降低油脂品质，而且加速油脂品质劣变，影响油脂储藏稳定性。通过检测油脂不溶性杂质含量，既可评价油脂品质，也可用于检查生产过程中过滤设备的工艺效能。用过量正己烷或石油醚溶解试样，对所得试液进行过滤，再用同样的溶剂冲洗残留物和滤纸，使其在 103℃下干燥至恒量，计算不溶性杂质的含量。

二、设备和材料

1. 设备

抽气泵、抽气瓶、安全瓶、2 号玻璃砂芯漏斗、胶管、称量皿、镊子、量筒、玻璃棒、分析天平。

2. 材料

石油醚(沸程 60~90℃)、95%乙醇、酸洗石棉、脱脂棉、定量滤纸。

三、操作方法

(1)准备抽气装置:用胶管连接气泵、安全瓶和抽气瓶。用水将石棉分成粗细两部分,先用粗石棉,后用细石棉铺垫玻璃砂芯漏斗(约 3 mm 厚)。先用水沿玻璃棒倾入漏斗中抽洗,后用少量乙醇和石油醚抽洗,待石油醚挥发干净后,将漏斗送入 105℃电烘箱中,烘至前后两次质量差不超过 0.001 g 为止。

(2)抽滤杂质:称取混匀试样 15~20 g(m)于烧杯中,加入 20~25 mL 石油醚(蓖麻油用 95%乙醇),用玻璃棒搅拌使试样溶解,倾入漏斗中,用石油醚将烧杯中的杂质干净地洗入漏斗内,再用石油醚分数次抽洗杂质,洗至无油迹为止。

(3)烘干杂质:用脱脂棉擦净漏斗外部,在 105℃温度下烘至恒量(m_1)。

四、结果分析

不溶性杂质含量按照式(1-9)计算:

$$杂质(\%) = \frac{m_1}{m} \times 100 \tag{1-9}$$

式中,m_1——杂质质量,g;

　　　m——试样质量,g。

两次实验结果允许差不超过 0.04%,求其平均数,即为测定结果。测定结果取小数点后第二位。

参 考 文 献

丁耀魁, 杜海波, 魏春丽. 2005. 罗维朋自动比色计在油脂色泽测定中的应用. 中国油脂, (07): 44-45.

范璐, 吴娜娜, 霍权恭. 2008. 模式识别法分析 5 种植物油脂. 分析化学, 08: 111-113.

李臣, 刘玉环, 罗洁. 2007. 精炼光皮树色拉油的研究. 粮食加工, (11): 76-78.

潘红红. 2012. 食用植物油脂品质检测及预警指标的研究. 成都: 成都理工大学.

孙凤霞, 杜红霞, 周展明. 2002. 油脂色泽测定方法研究进展. 中国油脂, 27(2): 7-9.

孙秀发, 周才琼, 肖安红. 2011. 食品营养学. 郑州: 郑州大学出版社, 14-15.

尉向海. 2009. 食品中水分及其测定方法的规范化探讨. 中外医疗, 02: 174-175.

吴平. 1983. 食品分析. 北京: 中国轻工业出版社: 74.

王永华, 张水华. 2015. 食品分析. 北京: 中国轻工业出版社.

王玉玲, 丁淑芬, 宋岩, 等. 2014. 索氏抽提法测定粗脂肪的含量的探讨. 粮食加工, 39(5):

76-77.

徐安书, 何庭萍, 李平铿. 2005. 大豆色拉油的工艺与检测研究. 江苏调味副食品, 05: 12-14.

徐伟丽, 杜明, 徐德昌. 2009. 色拉油中转基因成分的 PRC 检测. 生物信息学, 03: 238-240.

薛雅琳, 张颖, 占军. 2003. 植物油脂加热试验测定方法的研究改进. 中国油脂, 08: 44-46.

张春娥, 张蕊, 张丽. 2014. 植物不溶性杂质含量的测定. 粮油食品科技, 04: 61-62.

GB 5009.3—2016 食品安全国家标准食品中水分的测定, 2016.

GB 5009.4—2016 食品安全国家标准食品中灰分的测定, 2016.

GB 5009.6—2016 食品安全国家标准食品中脂肪的测定, 2016.

GB/T 10345—2007 白酒分析方法(含第 1 号修改单), 2007.

GB/T 15688—2008 动植物油脂 不溶性杂质含量的测定, 2008.

GB/T 17756—1999 色拉油通用技术条件, 1999.

GB/T 5531—2008 粮油检验 植物油脂加热试验, 2008.

第二章 蒸 馏 法

蒸馏是一种热力学的分离工艺,它利用混合液体或液-固体系中各组分沸点不同,使低沸点组分蒸发、再冷凝以分离整个组分的单元操作过程,是蒸发和冷凝两种单元操作的联合。与其他的分离手段,如萃取、过滤结晶等相比,它的优点在于不需使用系统组分以外的其他溶剂,从而保证不会引入新的杂质。蒸馏按有无高大的蒸馏塔,可分为有塔蒸馏和无塔蒸馏两大类;按操作方式可分为简单蒸馏、平衡蒸馏、精馏及特殊精馏等多种方法;按操作压力可分为常压蒸馏、加压及减压(真空)精馏;按操作是否连续可分为连续蒸馏和间歇蒸馏;按原料中所含组分数目可分为双组分蒸馏和多组分蒸馏。

从世界蒸馏发展史看,3000~5000 年前的酒类生产中,就有了分离提纯要求。但该时期酒的乙醇含量在 15%~20%(体积分数),经历了无数发明家攻关,雏形分离装置面世,42%~56%乙醇含量是一个提纯高峰,也就是现在白酒的乙醇含量范围。200 多年前,法国发明家采用蒸馏竖塔,生产出了含量 95%的乙醇,获得了蒸馏界的公认纪录。30 多年后,英国发明家在蒸馏竖塔的基础上,发明了精馏塔,生产出了含量 99%~99.9%的乙醇,第一次产生了"酒精"一词,含义是酒的精华。甲醇或乙醇生产厂,林立的高 20~120 m,塔径 0.3~13.5 m 的蒸馏(精馏)塔,结构多样,均是源于法国和英国发明家的产品,蒸馏(精馏)塔年生产量可达 5 万~30 万 t,是有机溶剂的主要提纯方法。2005 年开始,安阳市海川化工研究所(原安阳高新区当代化工研究所)开始进行独具特色的提纯研究,国内许多用户称之为无塔蒸馏(精馏)或无塔精制。2010 年 12 月无塔精制设备面世,获得了专利证书;2011 年 3~8 月,无塔蒸馏机和无塔精馏机问世,一项专利授权,一项专利通过初审。20%超低含量废甲醇工业性提纯实验成果,在河南省商丘市某大型药业生产公司被使用,初馏分含量86%;2011 年 8 月,河南省安阳市某大型制药公司,对 82%废乙醇进行工业性提纯实验,无塔蒸馏增程机将乙醇含量提纯到98%,乙醇中乙酸甲酯含量为 0.1%,明显优于该厂蒸馏塔 0.26%的分离效果。2010年之后,在众多的有机溶剂提纯上,无塔蒸馏设备受到用户高度重视。安阳市海川化工研究所不仅致力于分离设备研发,而且努力把积累的丰富提纯经验,上升到理论高度层面。

第一节　蒸馏酒与配制酒中乙醇含量测定

一、原理和方法

蒸馏酒是指原料经糖化和乙醇发酵后,通过蒸馏获得的酒,如中国的白酒、白兰地、伏特加、威士忌、朗姆酒和金酒等。

配制酒是指以蒸馏酒、发酵酒或食用酒精为酒基,加入可食用或药食两用(或符合相关规定)的辅料或食品添加剂,进行调配、混合或再加工制成的、已改变了其原酒基风格的饮料酒,如山西的竹叶青酒。

乙醇在常温常压下是一种易燃、易挥发的无色透明液体,毒性低,纯液体不可直接饮用;具有特殊香味,并略带刺激;微甘,并伴有刺激的辛辣滋味;易燃,其蒸气能与空气形成爆炸性混合物,能与水以任意比互溶,能与氯仿、乙醚、甲醇、丙酮和其他多数有机溶剂混溶。

二、设备和材料

1. 设备

乙醇比重计、全玻璃蒸馏器。

2. 材料

玻璃珠、量筒、容量瓶。

三、操作方法

(1)吸取 100 mL 试样置于 250 mL 或 500 mL 全玻璃蒸馏器中,加 50 mL 水,再加入玻璃珠数粒,蒸馏,用 100 mL 容量瓶收集馏出液 100 mL。

(2)将蒸馏后的试样倒入量筒中,将洗净擦干的乙醇比重计缓缓沉入量筒中,静止后再轻轻按下少许,待其上升静止后,从水平位置观察其与液面相交处的刻度,即为乙醇浓度,同时测定温度,按测定的温度与浓度,换算成温度为 20℃时的乙醇浓度[体积分数(%)]。

第二节　食品中蛋白质含量的测定

一、原理和方法

食品中的蛋白质在催化加热条件下被分解,产生的氨与硫酸结合生成硫酸铵。

碱化蒸馏使氨游离，用硼酸吸收后以硫酸或盐酸标准滴定溶液滴定，酸的消耗量乘以换算系数，即为蛋白质的含量。

二、设备和材料

1. 设备

天平(感量为 1 mg)，消化炉，定氮蒸馏装置(图 2-1)。

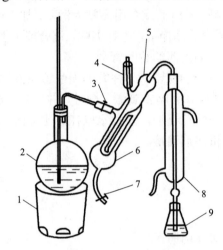

图 2-1　定氮蒸馏装置
1. 电炉；2. 水蒸气发生器；3. 螺旋夹；4. 小玻璃棒及棒状玻璃塞；5. 反应室；
6. 反应室外层；7. 橡皮管及螺旋夹；8. 冷凝管；9. 蒸馏液接收器

2. 材料

硫酸铜，硫酸钾，硫酸(密度为 1.84 g/L)，硼酸，甲基红指示剂，溴甲酚绿指示剂，亚甲基蓝指示剂，氢氧化钠(NaOH)，95%乙醇(C_2H_5OH)。

硼酸溶液(20 g/L)：称取 20 g 硼酸，加水溶解后稀释至 1000 mL。

氢氧化钠溶液(400 g/L)：称取 40 g 氢氧化钠加水溶解后，放冷，并稀释至 100 mL。

硫酸标准滴定溶液(0.0500 mol/L)或盐酸标准滴定溶液(0.0500 mol/L)。

甲基红乙醇溶液(1 g/L)：称取 0.1 g 甲基红溶于 95%乙醇，用 95%乙醇稀释至 100 mL。

亚甲基蓝乙醇溶液(1 g/L)：称取 0.1 g 亚甲基蓝溶于 95%乙醇，用 95%乙醇稀释至 100 mL。

溴甲酚绿乙醇溶液(1 g/L)：称取 0.1 g 溴甲酚绿溶于 95%乙醇，用 95%乙醇稀释至 100 mL。

混合指示液：2 份甲基红乙醇溶液与 1 份亚甲基蓝乙醇溶液临用时混合，也可用 1 份甲基红乙醇溶液与 5 份溴甲酚绿乙醇溶液临用时混合。

三、操作方法

1. 试样消化处理

称取充分混匀的固体试样 0.2～2 g、半固体试样 2～5 g 或液体试样 10～25 g（相当于 30～40 mg 氮），精确至 0.001 g，移入干燥的 100 mL、250 mL 或 500 mL 定氮瓶中，加入 0.2 g 硫酸铜、6 g 硫酸钾及 20 mL 硫酸，轻摇后于瓶口放一小漏斗，将瓶以 45°角斜支于有小孔的石棉网上。小心加热，待内容物全部炭化、泡沫完全停止后，加强火力，并保持瓶内液体微沸，至液体呈蓝绿色并澄清透明后，再继续加热 0.5～1 h。取下放冷，小心加入 20 mL 水。放冷后，移入 100 mL 容量瓶中，并用少量水洗定氮瓶，洗液并入容量瓶中，再加水至刻度，混匀备用。同时做试剂空白实验。

2. 测定

称取固体试样 0.2～2 g、半固体试样 2～5 g 或液体试样 10～25 g（相当于 30～40 mg 氮），精确至 0.001 g。按照仪器说明书的要求进行检测。

四、结果分析

试样中蛋白质的含量按式(2-1)进行计算。

$$X = \frac{(V_1 - V_2) \times c \times 0.0140}{m \times V_3 / 100} \times F \times 100 \tag{2-1}$$

式中，X——试样中蛋白质的含量，g/100 g；

V_1——试液消耗硫酸或盐酸标准滴定液的体积，mL；

V_2——试剂空白消耗硫酸或盐酸标准滴定液的体积，mL；

V_3——吸取消化液的体积，mL；

c——硫酸或盐酸标准滴定溶液浓度，mol/L；

0.0140——与 1.0 mL 硫酸[$c(1/2\ H_2SO_4)$ = 1.000 mol/L]或盐酸[$c(HCl)$ = 1.000 mol/L]标准滴定溶液相当的氮的质量，g；

m——试样的质量，g；

F——氮换算为蛋白质的系数。一般食物为 6.25；纯乳与纯乳制品为 6.38；面粉为 5.70；玉米、高粱为 6.24；花生为 5.46；大米为 5.95；大豆及其粗加工制品为 5.71；大豆蛋白制品为 6.25；肉与肉制品为 6.25；大麦、小米、燕麦、裸麦为 5.83；芝麻、向日葵为 5.30；复合配方食品为 6.25。

以重复性条件下获得的两次独立测定结果的算术平均值表示，蛋白质含量≥1 g/100 g 时，结果保留三位有效数字；蛋白质含量<1 g/100 g 时，结果保留两位有效数字。

第三节　食品中水分的测定

一、原理和方法

水是食物的主要组成成分，因而食品中水分的含量、分布和状态对食品的结构、外观、质地、风味、新鲜度产生极大的影响。食品中水分是引起食品化学性或微生物性变质的重要原因，直接关系到食品的储藏特性。水是重要的质量指标之一。一定的水分含量可保持食品品质、延长食品保藏时间。各种食品的水分含量都有各自的标准，有时若水分含量超过或降低1%，无论在质量和经济效益上均起很大的作用。水是一项重要的经济指标，食品工厂可按原料中的水分含量进行物料衡算。水分含量的高低，与微生物的生长及生化反应都有密切的关系。在一般情况下要控制水分含量低一点，防止微生物生长，但是并非水分含量越低越好。通常微生物作用比生化作用更加强烈。

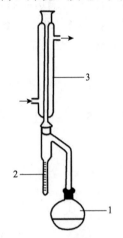

图 2-2　水分测定器
1. 250 mL 蒸馏瓶；2. 水分接收管(有刻度)；3. 冷凝管

利用食品中水分的物理化学性质，使用水分测定器(图 2-2)将食品中的水分与甲苯或二甲苯共同蒸出，根据接收的水的体积计算出试样中水分的含量。本方法适用于含较多其他挥发性物质的食品，如油脂、香辛料等。

二、设备和材料

1. 设备

水分测定器、分析天平。

2. 材料

甲苯或二甲苯(化学纯)：取甲苯或二甲苯，先以水饱和后，分去水层，进行蒸馏，收集馏出液备用。

三、操作方法

(1)准确称取适量试样(应使最终蒸出的水在 2～5 mL，但最多取样量不得超过蒸馏瓶的 2/3，放入 250 mL 锥形瓶中，加入新蒸馏的甲苯(或二甲苯)75 mL，连接冷凝管与水分接收管，从冷凝管顶端注入甲苯，装满水分接收管。

(2)加热慢慢蒸馏，使每秒钟的馏出液为两滴，待大部分水分蒸出后，加速蒸馏至约每秒钟 4 滴，当水分全部蒸出后，接收管内的水分体积不再增加时，从冷凝管顶端加入甲苯冲洗。如冷凝管壁附有水滴，可用附有小橡皮头的铜丝擦下，再蒸馏片刻至接收管上部及冷凝管壁无水滴附着，接收管水平面保持 10 min 不变为蒸馏终点，读取接收管水层的容积。

四、结果分析

试样中水分的含量按式(2-2)进行计算。

$$X = \frac{V}{m} \times 100 \tag{2-2}$$

式中，X——试样中水分的含量，mL/100 g(或按水在 20℃的密度 0.998 g/mL 计算质量)；

V——接收管内水的体积，mL；

m——试样的质量，g。

以重复性条件下获得的两次独立测定结果的算术平均值表示，结果保留三位有效数字。

第四节 动植物油脂不皂化物测定

一、原理和方法

不皂化物是指用己烷提取经氢氧化钾皂化后的生成物，在规定条件下不挥发的所有物质。天然的普通食用油脂中不皂化物的量约为 1%，其主要成分是甾醇类、碳水化合物、高级醇、维生素、蛋白质、蜡质、色素等，其中甾醇在动物性食品中多以胆固醇的形式存在，而在植物性食品中多以谷固醇等植物固醇形式存在。通常未经精制的油脂，不皂化物含量较高，经精炼将其尽可能除去后可作为高等级油脂。油脂化工如制皂工业，不皂化物不能与碱中和皂化，作为杂质存在于肥皂中；当油脂中不皂化物含量超过 1%时就不能直接用于制皂。因此，不皂化物含量的高低，直接关系到油脂加工损耗及油脂加工企业生产成本。

油脂与氢氧化钾乙醇溶液在煮沸回流条件下进行皂化，用己烷或石油醚从皂化液中提取不皂化物，蒸发溶剂，残留物干燥后称量。

二、设备和材料

1. 设备

带标准磨口的 250 mL 圆底烧瓶、回流冷凝管、使用聚四氟乙烯旋塞和瓶塞的 250 mL 分液漏斗、水浴锅、电烘箱。

2. 材料

正己烷或沸程为 40～60℃的石油醚、10%乙醇水溶液、酚酞指示剂(10 g/L 的 95%乙醇溶液)、氢氧化钾-乙醇溶液(50 mL 水中溶解 60 g 氢氧化钾,然后用 95%乙醇稀释至 1000 mL)。

三、操作方法

(1)称取约 5 g 试样,精确至 0.01 g,放入 250 mL 圆底烧瓶中。

(2)加入 50 mL 氢氧化钾溶液和一些沸石。圆底烧瓶与回流冷凝管连接好后煮沸回流 1 h,停止加热,从回流管顶部加入 50 mL 水并旋转摇动。

(3)冷却后将皂化液转移到 250 mL 分液漏斗中,用 50 mL 己烷分几次洗涤烧瓶和沸石,洗涤液倒入分液漏斗。盖好旋塞,用力摇 1 min,倒转分液漏斗,并小心打开旋塞,间歇地释放内压。静置分液漏斗,至溶液分层后,尽量将下层皂化液放入第二支分液漏斗中。如果形成乳化液,须加少量乙醇或浓氢氧化钾或氯化钠破乳。用相同方法,每次用 50 mL 己烷对皂化液再提取两次。三次己烷提取液收集在同一分液漏斗中。

(4)用乙醇溶液洗涤提取液三次,每次用量 25 mL,并剧烈摇动,洗涤后弃去乙醇水溶液,每次弃去洗涤液后,保持分液漏斗中剩余 2 mL 洗涤液,然后将分液漏斗沿其轴线旋转。静置数分钟,使剩余的乙醇水相进一步分离,然后弃去。当己烷溶液到达旋塞孔道时关闭旋塞。继续用乙醇水溶液洗涤,直到洗涤液加入 1 滴酚酞溶液后不呈现粉红色为止。

(5)通过分液漏斗的上口小心地将己烷溶液转移到准确称量至 0.1 mg 的 250 mL 烧瓶中,烧瓶需预先在 103℃烘箱中干燥冷却后称量,在沸水浴中蒸发溶剂。

(6)将烧瓶水平放置在 103℃烘箱中,干燥残留物 15 min。在干燥器中冷却,并精确称量至 0.1 mg。也可使用真空干燥器干燥,在最大真空度下,在沸水浴中蒸 15 min 之后,冷却至室温,将烧瓶表面的水擦干,精确称量至 0.1 mg。重复进行干燥,直至两次称量的质量差不超过 1.5 mg。如果三次干燥后还不为恒量,则不皂化物可能被污染,需重新进行测定。

(7)若需用游离脂肪酸进行校正,则将称量后的残留物溶于 4 mL 正己烷中,然后加入 20 mL 预先中和到使酚酞指示剂呈淡粉色的乙醇。用 0.1 mol/L 标准氢氧化钾-乙醇标准溶液标定至终点。以油酸计算游离脂肪酸的质量，并以此校正残留物的质量。

(8)同一试样需进行两次测定。

(9)需进行一个空白实验，即用相同步骤及相同量的所有试剂，但不加试样。如果残留物超过 1.5 mg，需检查测定方法和试剂。

四、结果分析

试样不皂化物含量按式(2-3)计算：

$$X = \frac{m_1 - m_2 - m_3}{m_0} \times 100 \qquad (2\text{-}3)$$

式中，X——试样中不皂化物的含量，以质量分数计，%；

　　　m_0——试样的质量，g；

　　　m_1——残留物的质量，g；

　　　m_2——空白实验的残留物质量，g；

　　　m_3——游离脂肪酸的质量，等于 $0.28 \times V \times c$，g。

第五节　食品中脂肪的测定

一、原理和方法

脂肪是由甘油和脂肪酸组成的三酰甘油酯，其中甘油分子比较简单，而脂肪酸的种类和长短却不相同。因此脂肪的性质和特点主要取决于脂肪酸，不同食物中的脂肪所含有的脂肪酸种类和含量不同。自然界有 40 多种脂肪酸，因此可形成多种脂肪酸甘油三酯；脂肪酸一般由 4～24 个碳原子组成。

近年来，在我国社会发展的过程中，人们对食品检验工作越来越重视，因为这不仅和人们的身体健康息息相关，还直接关系到食品行业的经济发展。为此本书在食品检验过程的介绍中，对其各方面的制备要求严格。而对食品中脂肪含量的检验，则是食品检验工作中的重要部分。一般来说，人们都会将脂肪作为一种营养来进行判断分析，只有在特殊食品中才对其进行相关的限制。

试样用无水乙醚或石油醚等溶剂抽提后，蒸去溶剂所得的物质，称为粗脂肪。粗脂肪中除脂肪外，还含有色素及挥发油、蜡、树脂等。抽提法所测得的脂肪为游离脂肪。

二、设备和材料

1. 设备

索氏提取器、恒温水浴锅、分析天平、电热鼓风干燥箱、干燥器。

2. 材料

石英砂、脱脂棉、无水乙醚、石油醚、滤纸筒、蒸发皿。

三、操作方法

1. 试样处理

固体试样：谷物或干燥制品用粉碎机粉碎，过 40 目筛；肉用绞肉机绞两次；一般用组织捣碎机捣碎后，称取 2.00～5.00 g，准确至 0.001g，必要时拌以海砂，全部移入滤纸筒内。液体或半固体试样：称取 5.00～10.00 g，准确至 0.001g，置于蒸发皿中，加入约 20 g 石英砂置于沸水浴上蒸干后，在电热鼓风干燥箱中 (100±5)℃干燥 30 min，研细，全部移入滤纸筒内。蒸发皿及附有试样的玻璃棒，均用蘸有乙醚的脱脂棉擦净，并将棉花放入滤纸筒内。

2. 抽提

将滤纸筒放入脂肪提取器的抽提筒内，连接已干燥至恒量的接收瓶，由抽提器冷凝管上端加入无水乙醚或石油醚至瓶内容积的三分之二处，置于水浴上加热，使乙醚或石油醚不断回流提取(6～8 次/h)，一般抽提 6～10 h。抽提结束时，用磨砂玻璃棒接取一滴提取液，磨砂玻璃棒上无油斑表明提取完毕。

3. 称量

取下接收瓶，回收乙醚或石油醚，待接收瓶内乙醚剩 1～2 mL 时在水浴上蒸干，再于 100℃左右干燥 2 h，放在干燥器内冷却 30 min 后称量。重复以上操作直至恒量。

四、结果分析

试样脂肪含量按式(2-4)计算：

$$X = \frac{m_1 - m_0}{m_2} \times 100 \tag{2-4}$$

式中，X——试样中粗脂肪的含量，g/100 g；

m_1——接收瓶和粗脂肪的质量，g；

m_0——接收瓶的质量，g；

m_2——试样的质量(如是测定水分后的试样,则按测定水分前的质量计),g;

    100——换算系数。

计算结果精确到小数点后一位。

第六节　婴幼儿食品和乳品中脂肪的测定

一、原理和方法

用乙醚和石油醚抽提样品的碱水解液,通过蒸馏或蒸发去除溶剂,测定溶于溶剂中的抽提物的质量。

二、设备和材料

1. 设备

分析天平、离心机、烘箱、水浴锅、抽脂瓶。

2. 材料

淀粉酶、氨水、95%乙醇、乙醚、石油醚、0.1 mol/L 碘溶液、1%刚果红溶液、6 mol/L 盐酸。

三、操作方法

(1)准备用于脂肪收集的容器(脂肪收集瓶),于干燥的脂肪收集瓶中加入几粒沸石,放入烘箱中干燥 1 h。使脂肪收集瓶冷却至室温,称量,精确至 0.1 mg。

(2)空白实验与样品检验同时进行,使用相同步骤和相同试剂,但用 10 mL 水代替试样。

(3)称取充分混匀的试样 10 g(高脂乳粉、全脂乳粉、全脂加糖乳粉和婴幼儿食品约 1 g,脱脂乳粉、乳清粉、酪乳粉约 1.5 g;精确至 0.0001 g)于抽脂瓶中。

(4)加入 2.0 mL 氨水,充分混合后立即将抽脂瓶放入(65±5)℃的水浴中,加热 15～20 min,不时取出振荡。取出后,冷却至室温。静置 30 s 后可进行下一步骤。

(5)加入 10 mL 乙醇,缓和但彻底地进行混合,避免液体太接近瓶颈。如果需要,可加入两滴刚果红溶液。

(6)加入 25 mL 乙醚,塞上瓶塞,将抽脂瓶保持在水平位置,小球的延伸部分朝上夹到摇混器上,按约 100 次/min 振荡 1 min,也可采用手动振摇方式,但均应注意避免形成持久乳化液。抽脂瓶冷却后小心地打开塞子,用少量的混混溶剂冲洗塞子和瓶颈,使冲洗液流入抽脂瓶。

(7)加入 25 mL 石油醚,塞上重新润湿的塞子,轻轻振荡 30 s。

(8)将加塞的抽脂瓶放入离心机中，在 500～600 r/min 下离心 5 min。否则将抽脂瓶静置至少 30 min，直到上层液澄清，并明显与水相分离。

(9)小心地打开瓶塞,用少量的乙醚和石油醚(1∶1)混合溶剂冲洗塞子和瓶颈内壁，使冲洗液流入抽脂瓶。如果两相界面低于小球与瓶身相接处，则沿瓶壁边缘慢慢地加入水，使液面高于小球和瓶身相接处[图 2-3(a)]，以便于倾倒。

(10)将上层液尽可能地倒入已准备好的加入沸石的脂肪收集瓶中，避免倒出水层[图 2-3(b)]。

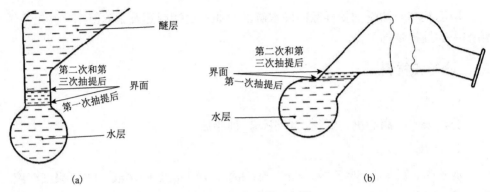

图 2-3　倾倒过程示意图

(11)用少量混合溶剂冲洗瓶颈外部，冲洗液收集在脂肪收集瓶中。要防止溶剂溅到抽脂瓶的外面。

(12)向抽脂瓶中加入 5 mL 乙醇，用乙醇冲洗瓶颈内壁，混合。重复(6)～(11)操作，再进行第二次抽提，但只用 15 mL 乙醚和 15 mL 石油醚。

(13)重复(6)～(11)操作，再进行第三次抽提，但只用 15 mL 乙醚和 15 mL 石油醚(注：如果产品中脂肪的质量分数低于 5%，可只进行两次抽提)。

(14)合并所有提取液，既可采用蒸馏的方法除去脂肪收集瓶中的溶剂，也可于沸水浴上蒸发至干来除掉溶剂。蒸馏前用少量混合溶剂冲洗瓶颈内部。

(15)将脂肪收集瓶放入(102±2)℃的烘箱中加热 1 h，取出脂肪收集瓶，冷却至室温，称量。

四、结果分析

样品中脂肪含量按式(2-5)计算：

$$X = \frac{(m_1 - m_2) - (m_3 - m_4)}{m} \times 100 \qquad (2-5)$$

式中，X——样品中脂肪含量，g/100g；

　　　m——样品的质量，g；

m_1——测得的脂肪收集瓶和抽提物的质量，g；

m_2——脂肪收集瓶的质量，或在有不溶物存在下，测得的脂肪收集瓶和不溶物的质量，g；

m_3——空白实验中脂肪收集瓶和测得的抽提物的质量，g；

m_4——空白实验中脂肪收集瓶的质量，或在有不溶物存在时，测得的脂肪收集瓶和不溶物的质量，g。

以重复性条件下获得的两次独立测定结果的算术平均值表示，结果保留三位有效数字。

注意事项：

(1)检验试剂要进行空白实验，以消除环境及温度对检验结果的影响。进行空白实验时在脂肪收集瓶中放入 1 g 新鲜的无水奶油。必要时，于每 100 mL 溶剂中加入 1 g 无水奶油后重新蒸馏，重新蒸馏后必须尽快使用。

(2)空白实验与样品测定同时进行。对于存在非挥发性物质的试剂可用与样品测定同时进行的空白实验值进行校正。抽脂瓶与天平室之间的温差可对抽提物的质量产生影响。在理想的条件下(试剂空白值低，天平室温度相同，脂肪收集瓶充分冷却)，空白实验值通常小于 0.5 mg。在常规测定中，温差可忽略不计。

(3)如果全部试剂空白残余物大于 0.5 mg，则分别蒸馏 100 mL 乙醚和石油醚，测定溶剂残余物的含量。用空的控制瓶测得的量和每种溶剂的残余物的含量都不应超过 0.5 mg。否则应更换不合格的试剂或对试剂进行提纯。

(4)乙醚中过氧化物的检验。取一只玻璃小量筒，用乙醚冲洗，然后加入 10 mL 乙醚，再加入 1 mL 新制备的 100 g/L 的碘化钾溶剂，振荡，静置 1 min，两相中均不得有黄色。

(5)也可使用其他适当的方法检验过氧化物。

(6)在不加抗氧化剂的情况下，为长久保证乙醚中无过氧化物，使用前 3 天按下列方法处理：①将锌箔削成长条，长度至少为乙醚瓶的一半，每升乙醚用 80 cm 锌箔。②使用前，将锌片完全浸入每升含有 10 g 五水硫酸铜和 2 mL 质量分数为 98%的硫酸中 1 min，用水轻轻彻底地冲洗锌片，将湿的镀铜锌片放入乙醚瓶中即可。也可以使用其他方法，但不得影响检测结果。

第七节 食品中粗脂肪的测定

一、原理和方法

试样经干燥后用无水乙醚或石油醚提取，除去乙醚或石油醚，所得残留物即为粗脂肪。

二、设备和材料

1. 设备

索氏提取器、电热鼓风干燥箱、分析天平、称量皿、绞肉机、组织捣碎机。

2. 材料

无水乙醚、石油醚、海砂,所有试剂均为分析纯。

三、操作方法

(1)将索氏提取器各部位充分洗涤并经蒸馏水清洗、烘干。底瓶在电热鼓风干燥箱内干燥至恒量(前后两次称量差不超过 0.002 g)

(2)用洁净称量皿称取约 5 g 试样,精确至 0.001 g。含水量约 40%以上的试样,加入适量海砂,置沸水浴上蒸发水分,用一段扁平的玻璃棒不断搅拌,直至呈松散状;含水量 40%以下的试样,加适量海砂,充分搅匀。将上述有海砂的试样全部移入滤纸筒内,用蘸有无水乙醚或石油醚的脱脂棉擦净称量皿和玻璃棒,一并放入滤纸筒内。滤纸筒上方塞少量脱脂棉。将盛有试样的滤纸筒移入电热鼓风干燥箱内,在 103℃左右温度下烘干 2 h。西式糕点应在 90℃左右烘干 2 h。

(3)将干燥后盛有试样的滤纸筒放入索氏提取筒内,连接已干燥至恒量的底瓶,注入无水乙醚或石油醚至虹吸管高度以上。待提取液流净后,再加提取液至虹吸管高度的三分之一处,连接回流冷凝管。将底瓶放在水浴锅上加热,用少量脱脂棉塞入冷凝管上口。水浴温度应控制在使提取液每 6～8 min 回流一次。肉制品、豆制品、谷物油炸制品、糕点等食品提取 6～12 h,坚果制品提取约 16 h。提取结束时,用磨砂玻璃接取一滴提取液,磨砂玻璃上无油斑表明提取完毕。

(4)提取完毕后,回收提取液。取下底瓶,在水浴上蒸干并去除残余的无水乙醚或石油醚。用脱脂滤纸擦净底瓶外部,在 103℃左右的干燥箱内干燥 1 h,取出,置于干燥器内冷却至室温,称量。重复干燥 30 min 的操作,冷却,称量,直至前后两次称量差不超过 0.002 g。

四、结果分析

食品中粗脂肪含量以质量分数 X 计,数值以%表示,按式(2-6)计算:

$$X = \frac{m_2 - m_1}{m} \times 100 \qquad (2-6)$$

式中,m_2——底瓶和粗脂肪的质量,g;

m_1——底瓶的质量,g;

m——试样的质量，g。

计算结果保留到小数点后一位。

参 考 文 献

陈银珊, 靳权, 何维. 2016. 两种脂肪测定方法的对比及改进. 广东化工, (7): 189-198.

刘坤. 2012. 凯式定氮仪测定肉与肉制品的挥发性盐基氮含量. 轻工科技, (6): 11.

罗兰. 2005. 营养食品中脂肪测定方法探讨. 江苏卫生保健, 05: 19-35.

邵金良, 杨芳, 杜丽娟, 等. 2009. 肉与肉制品中挥发性盐基氮测定方法的改进. 肉类研究, (10): 58-60.

席静, 张思群, 李荀. 2009. 蒸馏酒与配制酒中酒精度测定结果的不确定度评定. 现代测量与实验室管理, 17(1): 19-20.

徐世民, 王军武, 许松林. 2004. 新型蒸馏技术及应用. 化工机械, 31(3): 183-187.

虞精明, 谢勤美, 杨凤华. 2008. 酒中乙醇含量检测方法. 中国卫生检验杂志, 18(9): 1930-1932.

余国琮, 袁希钢. 1996. 我国蒸馏技术的现状与发展. 现代化工, 10: 7-13.

张东艳. 2010. 白酒卫生指标含量监测结果分析报告. 求医问药: 学术版, 08(12): 117.

张继东, 王延琴, 邱丰, 等. 2011. 动植物油脂不皂化物测定方法研究. 粮食与油脂, 11: 33-35.

钟艳梅, 曾宪录. 2008. 食品脂肪测定方法的改进. 广东化工, 06: 130-155.

GB 5009.3—2016 食品安全国家标准食品中水分的测定, 2016.

GB 5009.5—2016 食品安全国家标准食品中蛋白质的测定, 2016.

GB 5009.6—2016 食品安全国家标准食品中脂肪的测定, 2016.

GB/T 5009.48—2003 蒸馏酒与配制酒卫生标准的分析方法, 2003.

GB/T 5535.2—2008 动植物油脂 不皂化物测定第 2 部分: 己烷提取法, 2008.

第三章 称 量 法

称量法是国际标准化组织推荐的方法。它只适用于组分之间、组分与气瓶内壁不发生反应的气体，以及在实验条件下完全处于气态的可凝结组分。在未来的发展中，对实验的要求在于快速、简便，能快速地得到结果。而称量法可以快速轻易地得到所需物质的质量，在快速检测方面，称量法给人们带来了便利。将供试品放于称量瓶中，置于天平盘上，称得质量；然后取出所需的供试品量，再称得剩余供试品和称量瓶，两次称量之差，即为供试品的质量。

第一节 植物油脂检测相对密度测定法

一、原理和方法

植物油是由不饱和脂肪酸和甘油化合而成的化合物，广泛分布于自然界中，是从植物的果实、种子、胚芽中得到的油脂，如花生油、豆油、亚麻油、蓖麻油、菜籽油等。植物油的主要成分是直链高级脂肪酸和甘油生成的酯，脂肪酸除软脂酸、硬脂酸和油酸外，还含有多种不饱和酸，如芥酸、桐油酸、蓖麻油酸等。植物油主要含有维生素 E、维生素 K、钙、铁、磷、钾等矿物质、脂肪酸等。植物油中的脂肪酸能使皮肤滋润有光泽。

食用油脂作为人类的重要营养和能量来源，提供人体无法合成而必需的脂肪酸(如亚油酸、亚麻酸等)，且还是脂溶性维生素(维生素 A、维生素 D、维生素 E、维生素 K)的重要载体，此外，油脂对改善和提高食物口感、风味和物理特性具有重要作用。

二、设备和材料

1. 设备

液体比重天平、烧杯、吸管。

2. 材料

洗涤液、乙醇、乙醚、无二氧化碳蒸馏水、脱脂棉、滤纸。

三、操作方法

(1)按照仪器使用说明，先将仪器校正好，在挂钩上挂 1 号砝码，向量筒中注入蒸馏水至浮标上的白金丝浸入水中 1 cm 为止。将水调节到 20℃时，拧动天平座上的螺丝，使天平达到平衡，再不要移动，倒出量筒内的水，先用乙醇，后用乙醚将浮标、量筒和温度计上的水除净，再用脱脂棉吸干。

(2)将试样注入量筒内，至浮标上的白金丝浸入试样中 1 cm 为止，待试样温度达到 20℃时，在天平刻槽上移加砝码使天平恢复平衡(砝码的使用方法：先将挂钩上的 1 号砝码移至刻槽 9 上，然后在刻槽上添加 2 号、3 号、4 号砝码，使天平达到平衡)。

四、结果分析

天平达到平衡后，按大小砝码所在位置计算结果。1 号、2 号、3 号、4 号砝码分别为小数点第一位、第二位、第三位、第四位。例如，油温、水温均为 20℃，1 号砝码在 9 处，2 号在 4 处，3 号在 3 处，4 号在 5 处，此时油脂的相对密度 d_{20}^{20} 为 0.9435。

测出的比重按式(3-1)换算为标准相对密度：

$$比重(d_{20}^4) = d_{20}^{20} \times d_{20} \tag{3-1}$$

式中， d_{20}^4 ——油温 20℃、水温 4℃时油脂试样的相对密度；

d_{20}^{20} ——油温 20℃、水温 20℃时油脂试样的相对密度；

d_{20} ——水在 20℃时的密度。20℃时水的密度为 0.998230 g/mL。

如试样温度和水温都需换算时，则按式(3-2)计算：

$$d_{20}^4 = [d_{t_1}^{t_2} + 0.00064 \times (t_1 - 20)] d_{t_2} \tag{3-2}$$

式中， t_1 ——试样温度，℃；

t_2 ——水温度，℃；

$d_{t_1}^{t_2}$ ——试样温度 t_1、水温度 t_2 时测得的相对密度；

0.00064——油脂在 10～30℃之间每差 1℃时的膨胀系数(平均值)。

两次实验结果允许差不超过 0.0004，求其平均数，即为测定结果，测定结果取小数点后四位。

第二节 液体食品相对密度的测定

一、原理和方法

物质的密度与参考物质的密度在各自规定的条件下之比，符号为 d，无量纲量。相对密度也称比重。固体和液体的相对密度是该物质的密度与在标准大气压，3.98℃时纯 H_2O 的密度（999.972 kg/m³）的比值。气体的相对密度是指该气体的密度与标准状况下空气密度的比值。

相对密度是食品生产中常用的工艺控制指标，通过测定液态食品的相对密度，可以针对掺杂、变质等原因引起的组织成分异常变化进行判断，此现象也可导致其相对密度发生变化。不可忽视的是，即使液态食品的相对密度在正常范围以内，也不能确保食品无质量问题，必须配合其他理化分析与物质的熔点和沸点等物理特性，才能确定食品的质量。

在 20℃时分别测定充满同一密度瓶的水及试样的质量即可计算出相对密度，由水的质量可确定密度瓶的容积即试样的体积，根据试样的质量及体积即可计算试样的密度。

二、设备和材料

1. 设备

精密密度瓶、分析天平、水浴锅。

2. 材料

滤纸、无二氧化碳蒸馏水。

三、操作方法

取洁净、干燥、准确称量的密度瓶，装满试样后，置于 20℃水浴中浸 30 min，使内容物的温度达到 20℃，盖上瓶盖，并用细滤纸条吸去支管标线上的试样，盖好小帽后取出，用滤纸将密度瓶外擦干，置于天平室内 30 min，称量。再将试样倒出，洗净密度瓶，装满水，按上述"置于 20℃水浴中浸 30 min，使内容物的温度达到 20℃，盖上瓶盖，并用细滤纸条吸去支管标线上的试样，盖好小帽后取出，用滤纸将密度瓶外擦干，置于天平室内 30 min，称量"重复操作。密度瓶内不能有气泡，天平室内温度保持 20℃恒温条件，否则不能使用此法。

四、结果分析

试样在 20℃时的相对密度按式（3-3）进行计算。

$$d = \frac{m_2 - m_0}{m_1 - m_0} \tag{3-3}$$

式中，m_0——密度瓶的质量，g；
　　　m_1——密度瓶加水的质量，g；

m_2——密度瓶加液体试样的质量，g；

d——试样在 20℃时的相对密度。

计算结果精确到称量天平的精度的有效位数。

参 考 文 献

GB 5009.2—2016. 食品安全国家标准 食品相对密度的测定, 2016.

GB 5526—1985. 植物油脂检验 比重测定法, 1985.

第四章 滴定分析法

一、方法原理

滴定分析法是将一种已知准确浓度的试剂溶液，滴加到被测物质的溶液中，直到所加的试剂与被测物质按化学计量定量反应为止，根据试剂溶液的浓度和消耗的体积，计算被测物质的含量。其中，这种已知准确浓度的试剂溶液称为滴定液。将滴定液从滴定管中加到被测物质溶液中的过程称为滴定。

二、研究进展

滴定分析法的产生可追溯到 17 世纪后期。最初，"滴定"这种想法是直接从生产实践中得到启示的。1685 年，格劳贝尔介绍利用硝酸和锅灰碱制造纯硝石时，就曾指出"把硝酸逐滴加到锅灰碱中，直到不再产生气泡，这时两种物料就都失掉了它们的特性，这是反应达到中和点的标志"。可见那时已经有了关于酸碱反应中和点的初步概念。

滴定分析的进一步发展是在工业革命开始之后。当时在法国，使用各种化学产品的厂家为了保证自身产品的质量，避免经济上的损失，纷纷对化工原料的纯度和成分进行质检，滴定法作为迅速和简易的分析方法应时而生。19 世纪 30～50 年代，滴定分析法的发展到了极盛时期，滴定分析法中广泛采用了氧化还原反应，碘量法、高锰酸钾法等纷纷建立。法国著名化学家盖·吕萨克对滴定分析做出了巨大贡献，被称为"滴定分析之父"。20 世纪 50 年代，瑞典化学家 Gran 提出了线性滴定法的思想，后经 Ingman、Johansson 等的工作，逐步完善了线性滴定法，并为滴定分析法的形成和发展奠定了基础。

滴定分析法快捷、简便，在其发展过程中，其准确度和适用性不断提高。目前，一般实验室滴定分析采用的是人工滴定法，它是根据指示剂的颜色变化指示滴定终点，然后目测标准溶液消耗体积，计算分析结果。近年来，随着电子技术和计算机技术的发展，电位滴定仪被越来越多地采用。自动电位滴定法是通过电位的变化，由仪器自动判断终点，具有仪器简单，终点判断方式更为客观、准确的特点。由于自动电位滴定法是根据滴定曲线的一阶导数确定终点，等当点与终点的误差非常小，准确度高，避免了人工滴定法由于要加指示剂可能因加入量、指示终点与等当量间、操作者对颜色判断等的误差；自动定位滴定法无须使用指示剂，故对有色溶液、混浊度及没有适合指示剂的溶液均可测定，因此适于理化分析实验室用作代替人工操作的分析仪器。电位滴定法包括酸碱滴定、氧化还原滴定、络合滴定和沉淀滴定，其中应用比较广泛的是酸碱滴定和沉淀滴定。

第一节　过　氧　化　值

一、原理和方法

过氧化值是表示油脂和脂肪酸等被氧化程度的一种指标，是 1 kg 样品中的活性氧含量，以过氧化物的毫摩尔数表示，用于说明样品是否因已被氧化而变质。以油脂、脂肪为原料制作的食品，通过检测其过氧化值来判断其质量和变质程度。在食品卫生检验中，过氧化值是一项重要的卫生指标。其值越高，表明脂肪酸进行氧化的程度越强。

过氧化物是油脂氧化、酸败过程的中间产物，是油脂中产生的有毒物质之一。过氧化值在一定程度上可以反映食品的质量，除了食用油质量检测时需要测定过氧化值，当加工食品的原材料中有油脂、脂肪时，一般就要检测其过氧化值，如蛋糕、月饼、方便面、绿豆糕、桃酥、莲花酥、饼干、面包、萨其马、肉制品、坚果、水产品及其制品、速冻水饺、火腿、火腿肠、腌腊肉、婴幼儿奶粉等食品。

同时"地沟油"为反复使用的废弃油脂回购加工所得，其过氧化值也是严重超标的，虽然过氧化值不能作为检测"地沟油"的唯一指标，但是也可以作为"地沟油"的初步筛查方法之一。

另外并不是买来合格的食品就不用担心过氧化值超标的问题，买回来的食品如果放置时间过长，或者买回来生产过久的食品，食品中的油脂不可避免地会发生酸败氧化，进而引起过氧化值增高的问题。例如，买回来合格的食用油，特别是大桶的食用油，在使用过程中，每次打开盖，都会进入一些氧气，打开次数越多越会增加油脂酸败氧化的速度，所以要尽量减少打开的次数，购买食品也要注意查看保质期。

过氧化值是油脂中过氧化物含量多少的表征，是食物油脂在储存或被利用时是否发生酸败的反映。从油脂发生酸败的机理出发，以国标中的方法进行测定分析，探讨更好的方法。检测过氧化值的大小，即可判断油脂是否新鲜及其酸败程度。

检测原理主要是基于制备的油脂试样在三氯甲烷和冰醋酸中溶解，其中的过氧化物与碘化钾反应生成碘，用硫代硫酸钠标准溶液滴定析出的碘。用过氧化物相当于碘的质量分数或 1 kg 样品中活性氧的毫摩尔数表示过氧化值。

二、设备和材料

1. 设备

碘量瓶，滴定管(10 mL、25 mL 或 50 mL)，天平，电热恒温干燥箱，旋转蒸发仪。

注意：使用的所有器皿不得含有还原性或氧化性物质。磨砂玻璃表面不得涂油。

2. 材料

冰醋酸，三氯甲烷，碘化钾，硫代硫酸钠，石油醚(沸程为 30～60℃)，无水硫酸钠，可溶性淀粉，重铬酸钾(工作基准试剂)。

3. 试剂配制

(1)三氯甲烷-冰醋酸混合液(体积比 40：60)：量取 40 mL 三氯甲烷，加入 60 mL 冰醋酸，混匀。

(2)碘化钾饱和溶液：称取 20 g 碘化钾，加入 10 mL 新煮沸冷却的水，摇匀后储于棕色瓶中，存放于避光处备用。要确保溶液中有饱和碘化钾结晶存在。使用前检查：在 30 mL 三氯甲烷-冰醋酸混合液中添加 1.00 mL 碘化钾饱和溶液和 2 滴 1%淀粉指示剂，若出现蓝色，并需用 1 滴以上的 0.01 mol/L 硫代硫酸钠溶液才能消除，此碘化钾溶液不能使用，应重新配制。

(3)1%淀粉指示剂：称取 0.5 g 可溶性淀粉，加少量水调成糊状。边搅拌边倒入 50 mL 沸水，再煮沸搅匀后，放冷备用。临用前配制。

(4)石油醚的处理：取 100 mL 石油醚于蒸馏瓶中，在低于 40℃的水浴中，用旋转蒸发仪减压蒸干。用 30 mL 三氯甲烷-冰醋酸混合液分次洗涤蒸馏瓶，合并洗涤液于 250 mL 碘量瓶中。准确加入 1.00 mL 饱和碘化钾溶液，塞紧瓶盖，并轻轻振摇 30 s，在暗处放置 3 min，加入 1.0 mL 淀粉指示剂后混匀，若无蓝色出现，则此石油醚可用于试样制备；如加入 1.0 mL 淀粉指示剂混匀后有蓝色出现，则需更换试剂。

4. 标准溶液配制

(1)0.1 mol/L 硫代硫酸钠标准溶液：称取 26 g 硫代硫酸钠($Na_2S_2O_3 \cdot 5H_2O$)，加入 0.2 g 无水碳酸钠，溶于 1000 mL 水中，缓缓煮沸 10 min，冷却。放置两周后过滤、标定。

(2)0.01 mol/L 硫代硫酸钠标准溶液：以新煮沸冷却的水稀释而成。临用前配制。

(3)0.002 mol/L 硫代硫酸钠标准溶液：以新煮沸冷却的水稀释而成。临用前配制。

三、操作方法

(一)试样制备

样品制备过程应避免强光,并尽可能避免带入空气。

1. 动植物油脂

对液态样品,振摇装有试样的密闭容器,充分均匀后直接取样;对固态样品,选取有代表性的试样置于密闭容器中混匀后取样。

2. 油脂制品

1)食用氢化油、起酥油、代可可脂

对液态样品,振摇装有试样的密闭容器,充分混匀后直接取样;对固态样品,选取有代表性的试样置于密闭容器中混匀后取样。如有必要,将盛有固态试样的密闭容器置于恒温干燥箱中,缓慢加温到刚好可以融化,振摇混匀,趁试样为液态时立即取样测定。

2)人造奶油

将样品置于密闭容器中,于60~70℃的恒温干燥箱中加热至融化,振摇混匀后,继续加热至破乳分层并将油层通过快速定性滤纸过滤到烧杯中,烧杯中滤液为待测试样。制备的待测试样应澄清。趁待测试样为液态时立即取样测定。

3)以小麦粉、谷物、坚果等植物性食品为原料,经油炸、膨化、烘烤、调制、炒制等加工工艺而制成的食品

从所选全部样品中取出有代表性的样品的可食部分,在玻璃研钵中研碎,将粉碎的样品置于广口瓶中,加入2~3倍样品体积的石油醚,摇匀,充分混合后静置浸提12 h以上,经装有无水硫酸钠的漏斗过滤,取滤液,在低于40℃的水浴中,用旋转蒸发仪减压蒸干石油醚,残留物即为待测试样。

4)以动物性食品为原料经速冻、干制、腌制等加工工艺而制成的食品

从所选全部样品中取出有代表性的样品的可食部分,将其破碎并充分混匀后置于广口瓶中,加入2~3倍样品体积的石油醚,摇匀,充分混合后静置浸提12 h以上,经装有无水硫酸钠的漏斗过滤,取滤液,在低于40℃的水浴中,用旋转蒸发仪减压蒸干石油醚,残留物即为待测试样。

(二)试样的测定

应避免在阳光直射下进行试样测定。称取制备的试样2~3 g(精确至0.001 g),置于250 mL碘量瓶中,加入30 mL三氯甲烷-冰醋酸混合液,轻轻振摇使试样完全溶解。准确加入1.00 mL饱和碘化钾溶液,塞紧瓶盖,并轻轻振摇30 s,在暗

处放置 3 min。取出加入 100 mL 水，摇匀后立即用硫代硫酸钠标准溶液(过氧化值估计值在 0.15 g/100 g 及以下时，用 0.002 mol/L 标准溶液；过氧化值估计值大于 0.15 g/100 g 时，用 0.01 mol/L 标准溶液)滴定析出的碘，滴定至淡黄色时，加入 1 mL 淀粉指示剂，继续滴定并强烈振摇至溶液蓝色消失为终点。同时进行空白实验，空白实验所消耗 0.01 mol/L 硫代硫酸钠溶液的体积 V_0 不得超过 0.1 mL。

四、结果分析

(1)用过氧化物相当于碘的质量分数表示过氧化值时，按式(4-1)计算：

$$X_1 = \frac{(V - V_0) \times c \times 0.1269}{m} \times 100 \qquad (4\text{-}1)$$

式中，X_1——过氧化值，g/100g；

　　　　V——试样消耗的硫代硫酸钠标准溶液体积，mL；

　　　　V_0——空白实验消耗的硫代硫酸钠标准溶液体积，mL；

　　　　c——硫代硫酸钠标准溶液的浓度，mol/L；

　　　　0.1269——与 1.00 mL 硫代硫酸钠标准滴定溶液$[c(\mathrm{Na_2S_2O_3})=1.000\ \mathrm{mol/L}]$相当的碘的质量；

　　　　m——试样质量，g；

　　　　100——换算系数。

计算结果以重复性条件下获得的两次独立测定结果的算术平均值表示，结果保留两位有效数字。

(2)用 1 kg 样品中活性氧的毫摩尔数表示过氧化值时，按式(4-2)计算：

$$X_2 = \frac{(V - V_0) \times c}{2 \times m} \times 1000 \qquad (4\text{-}2)$$

式中，X_2——过氧化值，mmol/kg；

　　　　V——试样消耗的硫代硫酸钠标准溶液体积，mL；

　　　　V_0——空白实验消耗的硫代硫酸钠标准溶液体积，mL；

　　　　c——硫代硫酸钠标准溶液的浓度，mol/L；

　　　　m——试样质量，g；

　　　　1000——换算系数。

计算结果以重复性条件下获得的两次独立测定结果的算术平均值表示，结果保留两位有效数字。

(3)精密度。在重复性条件下获得的两次独立测定结果的绝对差值不得超过算术平均值的 10%。

第二节　含　皂　量

一、原理和方法

油脂中的含皂量，即油脂经加碱精炼后，残留在油脂中的皂化物的量。

在植物油碱炼时，由于水洗或分离不彻底等易产生皂化物残留。若油脂含皂量（皂化物含量）过高易导致人体胆固醇、血压升高，血管硬化等，因此含皂量已列入植物油脂产品质量的必检项目。国家粮油标准中规定碱炼油的含皂量不得超过 0.03%（即 300ppm）。

测定原理：试样用有机溶剂溶解后，加入热水使皂化物溶解，用盐酸标准溶液滴定。

二、设备和材料

1. 设备

具塞锥形瓶（250 mL），微量滴定管（5 mL 或 10 mL），量筒（50 mL），移液管（1 mL），恒温水浴锅，天平（分度值 0.01 g）。

2. 材料

（1）水：（三级水）。

（2）盐酸标准溶液：$c(HCl) = 0.01$ mol/L。

（3）氢氧化钠溶液：$c(NaOH) = 0.01$ mol/L。

（4）指示剂：1%溴酚蓝溶液。

（5）丙酮水溶液：量取 20 mL 水加入 980 mL 丙酮中，摇匀。临分析前，每 100 mL 中加入 0.5 mL 1%溴酚蓝溶液，滴加盐酸溶液或氢氧化钠溶液调节至溶液呈黄色。

三、操作方法

（1）称取按 GB/T 15687 制备的样品 40 g，精确至 0.01 g，置于具塞锥形瓶中，加入 1 mL 水，将锥形瓶置于沸水浴中，充分摇匀。

注意：本标准适用于测定含皂量不超过 0.05%的油脂样品，如油脂含皂量较高，测定时可减少试样用量（如 4 g）。

（2）加入 50 mL 丙酮水溶液，在水浴中加热后，充分振摇，静置后分为两层。

注意：如果油脂中含有皂化物，则上层将呈绿色至蓝色。

（3）用微量滴定管趁热逐滴滴加 0.01 mol/L 盐酸标准溶液，每滴一滴振摇数次，直至溶液从蓝色变为黄色。

(4)重新加热、振摇、滴定至上层呈黄色不褪色，记下消耗盐酸标准溶液的总体积。

(5)同时做空白实验。

四、结果分析

(1)试样的含皂量按式(4-3)计算：

$$X = \frac{(V - V_0) \times c \times 0.304}{m} \times 100 \tag{4-3}$$

式中，X——油脂中含皂量(以质量分数计)，%；

　　　　V——滴定试样溶液消耗盐酸标准溶液的体积，mL；

　　　　V_0——滴定空白溶液消耗盐酸标准溶液的体积，mL；

　　　　c——盐酸标准溶液的浓度，mol/L；

　　　　m——试样质量，g；

　　　　0.304——每毫摩尔油酸铀的质量，g/mmol。

(2)精密度。两次实验结果允许差不超过 0.01%，求其平均数，即为测定结果。测定结果取小数点后第二位。

第三节　皂　化　值

一、原理和方法

皂化值指中和 1 g 油脂中所含全部游离脂肪酸和结合脂肪酸(甘油酯)所需氢氧化钾的质量(mg)，反映了油脂中脂肪酸分子量大小，因此短链脂肪酸较多的油脂皂化值大，长链脂肪酸较多的油脂皂化值小。

测定油脂皂化值结合其他检验指标，可以对油脂的种类和质量进行鉴定。《中国药典》规定注射用油的皂化值为188～195。皂化值的高低表示油脂中脂肪酸分子量的大小(即脂肪酸碳原子的多少)。油脂的分子量可通过皂化值反映。皂化值越高，说明脂肪酸分子量越小，亲水性越强，越易失去油脂的特性；皂化值越低，则脂肪酸分子量越大或含有越多的不皂化物，油脂接近固体，难以注射和吸收，所以注射用油需规定一定的皂化值范围，使油中的脂肪酸在 C_{16}～C_{18} 的范围。

测定皂化值可以评定油脂纯度，并为制皂工业提供计算加碱量的依据。根据皂化值的大小，可以判断油脂中所含三酰甘油的分子量，也可以用来检验油脂的质量。

测定原理:皂化值通过测定油和脂肪酸中游离脂肪酸和甘油酯的含量而得到。在回流条件下将样品和氢氧化钾-乙醇溶液一起煮沸,然后用标定的盐酸溶液滴定过量的氢氧化钾。

二、设备和材料

1. 设备

锥形瓶(容量 250 mL,耐碱玻璃制成,带有磨口),回流冷凝管,加热装置(如水浴锅、电热板或其他适合的装置,不能用明火加热),滴定管(容量 50 mL),移液管(容量 25 mL),分析天平。

2. 材料

(1)氢氧化钾-乙醇溶液:大约 0.5 mol 氢氧化钾溶解于 1 L 95%乙醇(体积分数)中,此溶液应为无色或淡黄色。通过下列任一方法可制得稳定的无色溶液:①将 8 g 氢氧化钾和 5 g 铝片放在 1 L 乙醇中回流 1 h 后立刻蒸馏。将需要量(约 35 g)的氢氧化钾溶解于蒸馏物中。静置数天,然后倾出清亮的上层清液弃去碳酸钾沉淀。②加 4 g 异丁醇到 1 L 乙醇中,静置数天,倾出上层清液,将需要量的氢氧化钾溶解于其中,静置数天,然后倾出清亮的上层清液弃去碳酸钾沉淀。将此溶液储存在配有橡皮塞的棕色或黄色玻璃瓶中备用。

(2)盐酸标准溶液:$c(\mathrm{HCl}) = 0.5$ mol/L 。

(3)酚酞溶液:$(\rho = 0.1$ g/100 mL)溶于 95%乙醇(体积分数)。

(4)碱性蓝 6B 溶液:$(\rho = 2.5$ g/100 mL)溶于 95%乙醇(体积分数)。

(5)助沸物。

三、操作方法

1. 称量

于锥形瓶中称量 2 g 实验样品,精确至 0.005 g。

以皂化值(以 KOH 计)170～200 mg/g、称样量 2 g 为基础,对于不同范围皂化值样品,以称样量约一半氢氧化钾-乙醇溶液被中和为依据进行改变。推荐的取样量见表 4-1。

表 4-1　取样量

估计的皂化值(以 KOH 计)/(mg/g)	取样量/ g
150～200	1.8～2.2
200～250	1.4～1.7
250～300	1.2～1.3
>300	1.0～1.1

2. 测定

(1)用移液管将 25.0 mL 氢氧化钾-乙醇溶液加到试样中，并加入一些助沸物，连接回流冷凝管与锥形瓶，并将锥形瓶放在加热装置上慢慢煮沸，不时摇动，油脂维持沸腾状态 60 min。对于高熔点油脂和难以皂化的样品需煮沸 2 h。

(2)加 0.5～1 mL 酚酞指示剂于热溶液中，并用盐酸标准溶液滴定至指示剂的粉色刚好消失。如果皂化液是深色的，则用 0.5～1 mL 的碱性蓝 6B 溶液作为指示剂。

3. 空白实验

按照以上的要求，不加样品，用 25.0 mL 的氢氧化钾-乙醇溶液进行空白实验。

四、结果分析

按式(4-4)计算试样的皂化值：

$$I_s = \frac{(V_0 - V_1) \times c \times 56.1}{m} \qquad (4\text{-}4)$$

式中，I_s——皂化值(以 KOH 计)，mg/g;

  V_0——空白实验所消耗的盐酸标准溶液的体积，mL;

  V_1——试样所消耗的盐酸标准溶液的体积，mL;

  c——盐酸标准溶液的实际浓度，mol/L;

  m——试样的质量，g;

  56.1——KOH 的分子量。

第四节 酸 价

一、原理和方法

酸价也称为酸值，是指中和 1 g 油脂中游离脂肪酸所需氢氧化钾的质量(mg)。酸价是对化合物(如脂肪酸)或混合物中游离羧酸基团数量的一个计量标准。

酸价是脂肪中游离脂肪酸含量的标志。脂肪在长期保藏过程中，由于微生物、酶和热的作用发生缓慢水解，产生游离脂肪酸。而脂肪的质量与其中游离脂肪酸的含量有关，一般常用酸价作为衡量标准之一。在脂肪生产的条件下，酸价可作为水解程度的指标；在脂肪保藏的条件下，则可作为酸败的指标。酸价越小，说明油脂质量越好，新鲜度和精炼程度越高。

　　酸价的大小不仅是衡量毛油和精油品质的一项重要指标，也是计算酸价炼耗比这项主要技术经济指标的依据。而毛油的酸价则是炼油车间在碱炼操作过程中计算加碱量、碱液浓度的依据。

　　同时，酸价可作为油脂变质程度的指标。当油脂酸败，三酸甘油酯会分解成脂肪酸及甘油，造成酸价的上升。因此酸价常作为评价食用油的标准，台湾曾出现抽检油炸用油，发现酸值过高的情形。

　　在一般情况下，酸价和过氧化值略有升高不会对人体的健康产生损害。但如果酸价过高，则会导致人体肠胃不适、腹泻并损害肝脏。

　　检测原理：用有机溶剂将油脂试样溶解成样品溶液，再用氢氧化钾或氢氧化钠标准滴定溶液中和滴定样品溶液中的游离脂肪酸，以指示剂相应的颜色变化来判定滴定终点，最后通过滴定终点消耗的标准滴定溶液的体积计算油脂试样的酸价。

二、设备和材料

　　1. 设备

　　10 mL 微量滴定管(最小刻度为 0.05 mL)，天平(感量 0.001 g)，恒温水浴锅，恒温干燥箱，离心机(最高转速不低于 8000 r/min)，旋转蒸发仪，索氏脂肪提取装置，植物油料粉碎机或研磨机。

　　2. 材料

　　异丙醇，乙醚，甲基叔丁基醚，95%乙醇，酚酞指示剂，百里香酚酞指示剂，碱性蓝 6B 指示剂，无水硫酸钠(在 105～110℃条件下充分烘干，然后装入密闭容器冷却并保存)，无水乙醚，石油醚(30～60℃沸程)。

　　3. 试剂配制

　　(1)氢氧化钾或氢氧化钠标准滴定水溶液，浓度为 0.1 mol/L 或 0.5 mol/L，按照 GB/T 601 标准要求配制和标定，也可购买市售商品化试剂。

　　(2)乙醚-异丙醇混合液：乙醚：异丙醇=1：1，500 mL 的乙醚与 500 mL 的异丙醇充分互溶混合，用时现配。

　　(3)酚酞指示剂：称取 1 g 的酚酞，加入 100 mL 的 95%乙醇并搅拌至完全溶解。

　　(4)百里香酚酞指示剂：称取 2 g 百里香酚酞，加入 100 mL 的 95%乙醇并搅拌至完全溶解。

　　(5)碱性蓝 6B 指示剂：称取 2 g 的碱性蓝 6B，加入 100 mL 的 95%乙醇并搅拌至完全溶解。

三、操作方法

(一)试样制备

1. 食用油脂试样的制备

若食用油脂样品常温下呈液态，且为澄清液体，则充分混匀后直接取样，否则按要求进行除杂和脱水干燥处理；若食用油脂样品常温下为固态，则按要求进行制备；若样品为经乳化加工的食用油脂，则按相应操作制备。

2. 植物油料试样的制备

先用粉碎机或研磨机把植物油料粉碎成均匀的细颗粒，脆性较高的植物油料(如大豆、葵花籽、棉籽、油菜籽等)应粉碎至粒径为 0.8～3 mm 甚至更小的细颗粒，而脆性较低的植物油料(如椰干、棕榈仁等)应粉碎至粒径不大于 6 mm 的颗粒。取粉碎的植物油料细颗粒装入索氏脂肪提取装置中，再加入适量的提取溶剂，加热并回流提取 4 h。最后收集并合并所有的提取液于一个烧瓶中，置于水浴温度不高于 45℃的旋转蒸发仪内，–0.08～–0.1 MPa 负压条件下，将其中的溶剂彻底旋转蒸干，取残留的液体油脂作为试样进行酸价测定。若残留的液态油脂混浊、乳化、分层或有沉淀，应按要求进行除杂和脱水干燥处理。

(二)试样称量

根据制备试样的颜色和估计的酸价，按照表 4-2 规定称量试样。称样量和滴定液浓度应使滴定液用量为 0.2～10 mL(扣除空白后)。若检测后，发现实际称样量与该样品酸价所对应的称样量不符，应按照表 4-2 要求，调整称样量后重新检测。

表 4-2　试样称样表

估计的酸价/(mg/g)	试样的最小称样量/g	使用滴定液的浓度/(mol/L)	试样称样量的精确度/g
0～1	20	0.1	0.05
1～4	10	0.1	0.02
4～15	2.5	0.1	0.01
15～75	0.5～3.0	0.1 或 0.5	0.001
>75	0.2～1.0	0.5	0.001

(三)试样测定

取一个干净的 250 mL 锥形瓶，按照以上的要求用天平称取制备的油脂试样，

质量为 m，单位为 g。加入乙醚-异丙醇混合液 50～100 mL 和 3～4 滴酚酞指示剂，充分振摇溶解试样。再用装有标准滴定溶液的刻度滴定管对试样溶液进行手工滴定，当试样溶液初现微红色，且 15 s 内无明显褪色时，为滴定的终点。立刻停止滴定，记录下此滴定所消耗的标准滴定溶液的毫升数，数值为 V。对于深色的油脂样品，可用百里香酚酞指示剂或碱性蓝 6B 指示剂取代酚酞指示剂，滴定时，当颜色变为蓝色时即为百里香酚酞的滴定终点，碱性蓝 6B 指示剂的滴定终点由蓝色变红色。米糠油(稻米油)的冷溶剂指示剂法测定酸价只能用碱性蓝 6B 指示剂。

（四）空白实验

另取一个干净的 250 mL 锥形瓶，准确加入与试样测定时相同体积、相同种类的有机溶剂混合液和指示剂，振摇混匀。再用装有标准滴定溶液的刻度滴定管进行手工滴定，当溶液初现微红色，且 15 s 内无明显褪色时，为滴定的终点。立刻停止滴定，记录下此滴定所消耗的标准滴定溶液的毫升数，数值为 V_0。对于冷溶剂指示剂滴定法，也可在配制好的试样溶解液中滴加数滴指示剂，然后用标准滴定溶液滴定试样溶解液至相应的颜色变化且 15 s 内无明显褪色后停止滴定，表明试样溶解液的酸性正好被中和。然后以这种酸性被中和的试样溶解液溶解油脂试样，再用同样的方法继续滴定试样溶液至相应的颜色变化且 15 s 内无明显褪色后停止滴定，记录下此滴定所消耗的标准滴定溶液的毫升数，数值为 V，如此无须再进行空白实验，即 $V_0=0$。

四、结果分析

（1）酸价（又称酸值）按照式(4-5)的要求进行计算：

$$X_{AV} = \frac{(V - V_0) \times c \times 56.1}{m} \quad (4\text{-}5)$$

式中，X_{AV}——酸价，mg/g；

V——试样测定所消耗的标准滴定溶液的体积，mL；

V_0——相应的空白测定所消耗的标准滴定溶液的体积，mL；

c——标准滴定溶液的物质的量浓度，mol/L；

56.1——氢氧化钾的摩尔质量，g/mol；

m——油脂样品的称样量，g。

酸价≤1 mg/g，计算结果保留 2 位小数；1 mg/g<酸价≤100 mg/g，计算结果保留 1 位小数；酸价>100 mg/g，计算结果保留至整数位。

（2）精密度。当酸价<1 mg/g 时，在重复条件下获得的两次独立测定结果的绝

对差值不得超过算术平均值的 15%；当酸价≥1 mg/g 时，在重复条件下获得的两次独立测定结果的绝对差值不得超过算术平均值的 12%。

第五节　酸　　度

一、原理和方法

酸度的种类比较多，其定义分别如下：

(1)总酸度。又称为可滴定酸度，是指食品中所有酸性物质的总量，包括已离解的酸浓度。

(2)有效酸度。指样品中呈离子状态的氢离子的浓度(严格地讲是活度)，用 pH 计进行测定，用 pH 表示。

(3)挥发性酸度。指食品中易挥发的有机酸。

(4)牛乳酸度。牛乳中有两种酸度：外表酸度和真实酸度。牛乳中的总酸度为外表酸度和真实酸度之和。

(5)外表酸度。又称为固有酸度或潜在酸度，是指刚挤出来的新鲜牛乳本身所具有的酸度，主要来源于鲜牛乳中的酪蛋白、白蛋白、柠檬酸盐及磷酸盐等酸性成分。

(6)真实酸度。又称为发酵酸度，是指牛乳在放置过程中，由乳酸菌作用于乳糖产生乳酸而升高的那部分酸度。

食品中的酸不仅作为酸味成分，而且在食品的加工储运及品质管理等方面被认为是重要的成分，测定食品中的酸度具有十分重要的意义：

(1)有机酸影响食品的色、香、味及稳定性。

(2)食品中有机酸的种类和含量是判断其质量好坏的一个重要指标。

(3)利用有机酸含量与糖含量之比，可判断某些果蔬的成熟度。

检测原理：试样经过处理后，以酚酞作为指示剂，用 0.1000 mol/L 氢氧化钠标准溶液滴定至中性，记录消耗氢氧化钠溶液的体积，经计算确定试样的酸度。

二、设备和材料

1. 设备

分析天平(感量为 0.001 g)，碱式滴定管(容量 10 mL 和 25 mL)，水浴锅，锥形瓶(100 mL、150 mL、250 mL)，具塞磨口锥形瓶(250 mL)，粉碎机，振荡器(往返式，振荡频率为 100 次/min)，中速定性滤纸，移液管(10 mL、20 mL)，量筒(50 mL、250 mL)，玻璃漏斗和漏斗架。

2. 材料

氢氧化钠，七水合硫酸钴，酚酞，95%乙醇，乙醚，氮气(纯度为98%)，三氯甲烷。

3. 试剂配制

1)氢氧化钠标准溶液(0.1000 mol/L)

称取 0.75 g 于 105～110℃电烘箱中干燥至恒量的工作基准试剂邻苯二甲酸氢钾，加入 50 mL 无二氧化碳的水溶解，然后加入 2 滴酚酞指示液(10 g/L)，用配制好的氢氧化钠溶液滴定至溶液呈粉红色，并保持 30 s。同时做空白实验。

2)参比溶液

将 3 g 七水合硫酸钴溶解于水中，并定容至 100 mL。

3)酚酞指示液

称取 0.5 g 酚酞溶于 75 mL 体积分数为 95%的乙醇中，并加入 20 mL 水，然后滴加氢氧化钠溶液至微粉色，再加入水定容至 100 mL。

4)中性乙醇-乙醚混合液

取等体积的乙醇、乙醚混合后加入 3 滴酚酞指示液，以氢氧化钠溶液(0.1 mol/L)滴至微红色。

5)不含二氧化碳的蒸馏水

将水煮沸 15 min，逐出二氧化碳，冷却，密闭。

三、操作方法

(一)乳粉

1. 试样制备

将样品全部移入约两倍于样品体积的洁净干燥容器中(带密封盖)，立即盖紧容器，反复旋转振荡，使样品彻底混合。在此操作过程中，应尽量避免样品暴露在空气中。

2. 测定

称取 4 g 样品(精确到 0.01 g)于 250 mL 锥形瓶中。用量筒量取 96 mL 约 20℃的水，使样品复溶，搅拌，然后静置 20 min。向一支装有 96 mL 约 20℃的水的锥形瓶中加入 2.0 mL 参比溶液，轻轻转动，使之混合，得到标准参比颜色。如果要测定多个相似的产品，则此参比溶液可用于整个测定过程，但时间不得超过 2 h。向另一只装有样品溶液的锥形瓶中加入 2.0 mL 酚酞指示液，轻轻转动，使之混合。用 25 mL 碱式滴定管向该锥形瓶中滴加氢氧化钠溶液，边滴加边转动烧瓶，直到颜色与参比溶液的颜色相似，且 5 s 内不消褪，整个滴定过程应在 45 s 内完成。滴定过程中，向锥形瓶中吹氮气，防止溶液吸收空气中的二氧化碳。记录所用氢氧化钠溶液的毫升数(V_1)，精确至 0.05 mL，代入式(4-6)计算。

3. 空白滴定

用 96 mL 水做空白实验，读取所消耗氢氧化钠标准溶液的毫升数(V_0)。空白所消耗的氢氧化钠的体积应不小于零，否则应重新制备和使用符合要求的蒸馏水。

(二)乳及其他乳制品

1. 制备参比溶液

向装有等体积相应溶液的锥形瓶中加入 2.0 mL 参比溶液，轻轻转动，使之混合，得到标准参比颜色。如果要测定多个相似的产品，则此参比溶液可用于整个测定过程，但时间不得超过 2 h。

2. 巴氏杀菌乳、灭菌乳、生乳、发酵乳

称取 10 g(精确到 0.001 g)已混匀的试样，置于 150 mL 锥形瓶中，加入 20 mL 新煮沸冷却至室温的水，混匀，然后加入 2.0 mL 酚酞指示液，混匀后用氢氧化钠标准溶液滴定，边滴加边转动烧瓶，直到颜色与参比溶液的颜色相似，且 5 s 内不消褪，整个滴定过程应在 45 s 内完成。滴定过程中，向锥形瓶中吹氮气，防止溶液吸收空气中的二氧化碳。记录消耗的氢氧化钠标准滴定溶液的毫升数(V_2)，代入式(4-7)中进行计算。

3. 奶油

称取 10 g(精确到 0.001 g)已混匀的试样，置于 250 mL 锥形瓶中，加入 30 mL 中性乙醇-乙醚混合液，混匀，然后加入 2.0 mL 酚酞指示液，混匀后用氢氧化钠标准溶液滴定，边滴加边转动烧瓶，直到颜色与参比溶液的颜色相似，且 5 s 内不消褪，整个滴定过程应在 45 s 内完成。滴定过程中，向锥形瓶中吹氮气，防止溶液吸收空气中的二氧化碳。记录消耗的氢氧化钠标准滴定溶液的毫升数(V_2)，代入式(4-7)中进行计算。

4. 炼乳

称取 10 g(精确到 0.001 g)已混匀的试样，置于 250 mL 锥形瓶中，加入 60 mL 新煮沸冷却至室温的水溶解，混匀，然后加入 2.0 mL 酚酞指示液，混匀后用氢氧化钠标准溶液滴定，边滴加边转动烧瓶，直到颜色与参比溶液的颜色相似，且 5 s 内不消褪，整个滴定过程应在 45 s 内完成。滴定过程中，向锥形瓶中吹氮气，防止溶液吸收空气中的二氧化碳。记录消耗的氢氧化钠标准滴定溶液的毫升数(V_2)，

代入式(4-7)中进行计算。

5. 干酪素

称取 5 g(精确到 0.001 g)经研磨混匀的试样于锥形瓶中，加入 50 mL 水，于室温下(18~20℃)放置 4~5 h，或在水浴锅中加热到 45℃并在此温度下保持 30 min，再加入 50 mL 水，混匀后，通过干燥的滤纸过滤。吸取滤液 50 mL 于锥形瓶中，加入 2.0 mL 酚酞指示液，混匀后用氢氧化钠标准溶液滴定，边滴加边转动烧瓶，直到颜色与参比溶液的颜色相似，且 5 s 内不消褪，整个滴定过程应在 45 s 内完成。滴定过程中，向锥形瓶中吹氮气，防止溶液吸收空气中的二氧化碳。记录消耗的氢氧化钠标准滴定溶液的毫升数(V_3)，代入式(4-8)进行计算。

6. 空白滴定

用等体积的水做空白实验，读取耗用氢氧化钠标准溶液的毫升数(V_0)。用 30 mL 中性乙醇-乙醚混合液做空白实验，读取耗用氢氧化钠标准溶液的毫升数(V_0)。空白所消耗的氢氧化钠的体积应不小于零，否则应重新制备和使用符合要求的蒸馏水或中性乙醇-乙醚混合液。

(三)淀粉及其衍生物

1. 样品预处理

样品应充分混匀。

2. 称量

称取样品 10 g(精确至 0.1 g)，移入 250 mL 锥形瓶内，加入 100 mL 水，振荡并混合均匀。

3. 滴定

向一只装有 100 mL 约20℃的水的锥形瓶中加入 2.0 mL 参比溶液，轻轻转动，使之混合，得到标准参比颜色。如果要测定多个相似的产品，则此参比溶液可用于整个测定过程，但时间不得超过 2 h。向装有样品的锥形瓶中加入 2~3 滴酚酞指示剂，混匀后用氢氧化钠标准溶液滴定，边滴加边转动烧瓶，直到颜色与参比溶液的颜色相似，且 5 s 内不消褪，整个滴定过程应在 45 s 内完成。滴定过程中，向锥形瓶中吹氮气，防止溶液吸收空气中的二氧化碳。读取耗用氢氧化钠标准溶液的毫升数(V_4)，代入式(4-9)中进行计算。

4. 空白滴定

用 100 mL 水做空白实验，读取耗用氢氧化钠标准溶液的毫升数(V_0)。空白所消耗的氢氧化钠的体积应不小于零，否则应重新制备和使用符合要求的蒸馏水。

（四）粮食及制品

1. 试样制备

取混合均匀的样品 80～100 g，用粉碎机粉碎，粉碎细度要求 95% 以上通过 CQ16 筛[孔径 0.425 mm（40 目）]，粉碎后的全部筛分样品充分混合，装入磨口瓶中，制备好的样品应立即测定。

2. 测定

称取试样 15 g，置于 250 mL 具塞磨口锥形瓶中，加水 150 mL（V_{51}）（先加少量水与试样混成稀糊状，再全部加入），滴入三氯甲烷 5 滴，加塞后摇匀，在室温下放置提取 2 h，每隔 15 min 摇动 1 次（或置于振荡器上振荡 70 min），浸提完毕后静置数分钟用中速定性滤纸过滤，用移液管吸取滤液 10 mL（V_{52}），注入 100 mL 锥形瓶中，再加水 20 mL 和酚酞指示剂 3 滴，混匀后用氢氧化钠标准溶液滴定，边滴加边转动烧瓶，直到颜色与参比溶液的颜色相似，且 5 s 内不消褪，整个滴定过程应在 45 s 内完成。滴定过程中，向锥形瓶中吹氮气，防止溶液吸收空气中的二氧化碳。记下所消耗的氢氧化钠标准溶液的毫升数（V_5），代入式（4-10）中进行计算。

3. 空白滴定

用 30mL 水做空白实验，记下所消耗的氢氧化钠标准溶液的毫升数（V_0）。
注意：三氯甲烷有毒，操作时应在通风良好的通风橱内进行。

四、结果分析

（1）乳粉试样中的酸度以 °T 表示，按式（4-6）计算：

$$X_1 = \frac{c_1 \times (V_1 - V_0) \times 12}{m_1 \times (1 - w) \times 0.1} \tag{4-6}$$

式中，X_1——试样的酸度，°T[以 100 g 干物质为 12% 的复原乳所消耗的 0.1 mol/L 氢氧化钠毫升数计，mL/100 g]；

c_1——氢氧化钠标准溶液的物质的量浓度，mol/L；

V_1——滴定时所消耗氢氧化钠标准溶液的体积，mL；

V_0——空白实验所消耗氢氧化钠标准溶液的体积，mL；

12——12 g 乳粉相当 100mL 复原乳（脱脂乳粉应为 9，脱脂乳清粉应为 7）；

m_1——称取样品的质量，g；

w——试样中水分的质量分数，%；

1-w——试样中乳粉的质量分数，%；

0.1——酸度理论定义氢氧化钠的物质的量浓度，mol/L。

以重复性条件下获得的两次独立测定结果的算术平均值表示，结果保留三位有效数字。

注意：若以乳酸含量表示样品的酸度，那么样品的乳酸含量(g/100 g)=T×0.009。T 为样品的滴定酸度(0.009 为乳酸的换算系数，即 1 mL 0.1 mol/L 的氢氧化钠标准溶液相当于 0.009 g 乳酸)。

(2)巴氏杀菌乳、灭菌乳、生乳、发酵乳、奶油和炼乳试样中的酸度数值以°T 表示，按式(4-7)计算：

$$X_2 = \frac{c_2 \times (V_2 - V_0) \times 100}{m_2 \times 0.1} \tag{4-7}$$

式中，X_2——试样的酸度，°T[以 100 g 样品所消耗的 0.1 mol/L 氢氧化钠毫升数计，mL/100 g]；

c_2——氢氧化钠标准溶液的物质的量浓度，mol/L；

V_2——滴定时所消耗氢氧化钠标准溶液的体积，mL；

V_0——空白实验所消耗氢氧化钠标准溶液的体积，mL；

100——100 g 试样；

m_2——试样的质量，g；

0.1——酸度理论定义氢氧化钠的物质的量浓度，mol/L。

以重复性条件下获得的两次独立测定结果的算术平均值表示，结果保留三位有效数字。

(3)干酪素试样中的酸度数值以°T 表示，按式(4-8)计算：

$$X_3 = \frac{c_3 \times (V_3 - V_0) \times 100 \times 2}{m_3 \times 0.1} \tag{4-8}$$

式中，X_3——试样的酸度，°T[以 100 g 样品所消耗的 0.1 mol/L 氢氧化钠毫升数计，mL/100 g]；

c_3——氢氧化钠标准溶液的物质的量浓度，mol/L；

V_3——滴定时所消耗氢氧化钠标准溶液的体积，mL；

V_0——空白实验所消耗氢氧化钠标准溶液的体积，mL；

100——100g 试样；

2——试样的稀释倍数；

m_3——试样的质量，g；

0.1——酸度理论定义氢氧化钠的物质的量浓度，mol/L。

以重复性条件下获得的两次独立测定结果的算术平均值表示，结果保留三位有效数字。

(4)淀粉及其衍生物试样中的酸度数值以°T 表示，按式(4-9)计算：

$$X_4 = \frac{c_4 \times (V_4 - V_0) \times 10}{m_4 \times 0.1000} \tag{4-9}$$

式中，X_4——试样的酸度，°T[以 10 g 试样所消耗的 0.1 mol/L 氢氧化钠毫升数计，mL/10 g]；

    c_4——氢氧化钠标准溶液的物质的量浓度，mol/L；

    V_4——滴定时所消耗氢氧化钠标准溶液的体积，mL；

    V_0——空白实验所消耗氢氧化钠标准溶液的体积，mL；

    10——10 g 试样；

    m_4——试样的质量，g；

    0.1000——酸度理论定义氢氧化钠的物质的量浓度，mol/L。

以重复性条件下获得的两次独立测定结果的算术平均值表示，结果保留三位有效数字。

(5)粮食及制品试样中的酸度数值以°T 表示，按式(4-10)计算：

$$X_5 = (V_5 - V_0) \times \frac{V_{51}}{V_{52}} \times \frac{c_5}{0.1000} \times \frac{10}{m_5} \tag{4-10}$$

式中，X_5——试样的酸度，°T[以 10 g 样品所消耗的 0.1 mol/L 氢氧化钠毫升数计，mL/10 g]；

    V_5——试样滤液消耗的氢氧化钾标准溶液体积，mL；

    V_0——空白实验消耗的氢氧化钾标准溶液体积，mL；

    V_{51}——浸提试样的水体积，mL；

    V_{52}——用于滴定的试样滤液体积，mL；

    c_5——氢氧化钾标准溶液的物质的量浓度，mol/L；

    0.1000——酸度理论定义氢氧化钠的物质的量浓度，mol/L；

    10——10 g 试样；

    m_5——试样的质量，g。

以重复性条件下获得的两次独立测定结果的算术平均值表示，结果保留三位有效数字。

(6)精密度。在重复性条件下获得的两次独立测定结果的绝对差值不得超过算术平均值的 10%。

第六节　氯　化　物

一、原理和方法

　　氯化物在无机化学领域里是指带负电的氯离子和其他元素带正电的阳离子结合而形成的盐类化合物。氯化物也可以认为是氯与另一种元素或基团组成的化合物。

　　食品中加入适量的氯化钠，能改善食品的滋味。氯化钠加入的多少直接影响食品的风味，因此，测定食品中氯化物的含量，成为食品工业中许多产品的必检项目之一。

　　检测原理：试样经酸化处理后，加入丙酮，以玻璃电极为参比电极，银电极为指示电极，用硝酸银标准滴定溶液滴定试液中的氯化物。根据电位的"突跃"，确定滴定终点。以硝酸银标准滴定溶液的消耗量，计算食品中氯化物的含量。

二、设备和材料

　　1. 设备

　　组织捣碎机，粉碎机，研钵，涡旋振荡器，超声波清洗器，恒温水浴锅，离心机(转速≥3000 r/min)，pH 计(精度±0.1)，玻璃电极，银电极(或复合电极)，电磁搅拌器，电位滴定仪，天平(感量 0.1 mg 和 1 mg)。

　　2. 材料

　　亚铁氰化钾，乙酸锌，硝酸银，冰醋酸，硝酸，丙酮，氯化钠基准溶液(纯度≥99.8%)。

　　3. 试剂配制

　　(1)沉淀剂Ⅰ：称取 106 g 亚铁氰化钾，加水溶解并定容至 1 L，混匀。

　　(2)沉淀剂Ⅱ：称取 220 g 乙酸锌，溶于少量水中，加入 30 mL 冰醋酸，加水定容至 1 L，混匀。

　　(3)硝酸溶液(1∶3)：将 1 体积的硝酸加入 3 体积水中，混匀。

　　4. 标准溶液配制及标定

　　(1)氯化钠基准溶液(0.01000 mol/L)：称取 0.5844 g(精确至 0.1 mg)经 500～600℃灼烧至恒量的基准试剂氯化钠，于小烧杯中用少量水溶解，转移到 1000 mL 容量瓶中，稀释至刻度，摇匀。

　　(2)硝酸银标准滴定溶液(0.02 mol/L)：称取 3.40 g 硝酸银(精确至 0.01 g)于

小烧杯中，用少量硝酸溶解，转移到 1000 mL 棕色容量瓶中，用水定容至刻度，摇匀，避光储存，或转移到棕色瓶中。或购买经国家认证并授予标准物质证书的硝酸银标准滴定溶液。

　　(3)标定(二级微商法)：吸取 10.00 mL 0.01000 mol/L 氯化钠基准溶液于 50 mL 烧杯中，加入 0.2 mL 硝酸溶液及 25 mL 丙酮。将玻璃电极和银电极浸入溶液中，启动电磁搅拌器。从酸式滴定管滴入 V' mL 硝酸银标准滴定溶液(所需量的 90%)，测量溶液的电位值(E)。继续滴入硝酸银标准滴定溶液，每滴入 1 mL 立即测量溶液电位值(E)。接近终点和到达终点后，每滴入 0.1 mL，测量溶液的电位值(E)。继续滴入硝酸银标准滴定溶液，直至溶液电位数值不再明显改变。记录每次滴入硝酸银标准滴定溶液的体积和电位值。

　　(4)滴定终点的确定：根据滴定记录，以硝酸银标准滴定溶液的体积(V')和电位值(E)，按表 4-3 示例，以列表方式计算 ΔE、ΔV、一级微商和二级微商。或电位滴定仪自动滴定、记录硝酸银标准滴定溶液的体积和电位值。

表 4-3　硝酸银标准滴定溶液滴定氯化钠标准溶液的体积计算

V'/mL	E	ΔE^a	ΔV^b/mL	一级微商^c($\Delta E/\Delta V$)	二级微商^d
0.00	400	—	—	—	—
4.00	470	70	4.00	18	—
4.50	490	20	0.50	40	22
4.60	500	10	0.10	100	60
4.70	515	15	0.10	150	50
4.80	535	20	0.10	200	50
4.90	620	85	0.10	850	650
5.00	670	50	0.10	500	−350
5.10	690	20	0.10	200	−300
5.20	700	10	0.10	100	−100

a 相对应的电位变化的数值。
b 连续滴入硝酸银标准滴定溶液的体积增加值。
c 单位体积硝酸银标准滴定溶液引起的电位变化值，即 ΔE 与 ΔV 的比值。
d 相当于相邻的一级微商的数值之差。

　　当一级微商最大、二级微商等于零时，即为滴定终点，按式(4-11)计算滴定到终点时硝酸银标准滴定溶液的体积(V_1)：

$$V_1 = V_a + \frac{a}{a-b} \times \Delta V \qquad (4-11)$$

式中，V_1——滴定到终点时消耗硝酸银标准滴定溶液的体积，mL；

　　　　V_a——在 a 时消耗硝酸银标准滴定溶液的体积，mL；

a——二级微商为零前的二级微商值；

b——二级微商为零后的二级微商值；

ΔV——a 与 b 之间的体积差，mL。

示例：从表中找出一级微商最大值为 850，则二级微商等于零时应在 650 与 -350 之间，所以 $a=650$，$b=-350$，$V_a=4.8$ mL，$\Delta V=0.10$mL。

$$V_1 = V_a + \left(\frac{a}{a-b} \times \Delta V \right) = 4.8 + \left[\frac{650}{650-(-350)} \times 0.1 \right] = 4.8 + 0.065 = 4.87 \text{(mL)}$$

即滴定到终点时，硝酸银标准滴定溶液的用量为 4.87mL。

(5)硝酸银标准滴定溶液的浓度按式(4-12)计算：

$$c = \frac{10 \times c_1}{V_1} \tag{4-12}$$

式中，c——硝酸银标准滴定溶液的物质的量浓度，mol/L；

c_1——氯化钠基准溶液的物质的量浓度，mol/L；

V_1——滴定终点时消耗硝酸银标准滴定溶液的体积，mL。

三、操作方法

(一)试样制备

1. 粉末状、糊状或液体样品

取有代表性的样品至少 200 g，充分混匀，置于密闭的玻璃容器内。

2. 块状或颗粒状等固体样品

取有代表性的样品至少 200 g，用粉碎机粉碎或用研钵研细，置于密闭的玻璃容器内。

3. 半固体或半液体样品

取有代表性的样品至少 200 g，用组织捣碎机捣碎，置于密闭的玻璃容器内。

(二)试样溶液制备

1. 婴幼儿食品、乳品

称取混合均匀的试样 10 g(精确至 1 mg)于 100 mL 具塞比色管中，加入 50 mL 约 70℃的热水，振荡分散样品，水浴中沸腾 15 min，并不时摇动，取出，超声处理 20 min，冷却至室温，依次加入 2 mL 沉淀剂 I 和 2 mL 沉淀剂 II，每次加入后摇匀。用水稀释至刻度，摇匀，在室温静置 30 min。用滤纸过滤，弃去最初滤液，取部分滤液测定。必要时也可用离心机于 5000 r/min 离心 10 min,取部分滤液测定。

2. 蛋白质、淀粉含量较高的蔬菜制品、淀粉制品

称取约 5 g 试样(精确至 1 mg)于 100 mL 具塞比色管中,加适量水分散,振摇 5 min(或用涡旋振荡器振荡 5 min),超声处理 20min,依次加入 2 mL 沉淀剂Ⅰ和 2 mL 沉淀剂Ⅱ,每次加入后摇匀。用水稀释至刻度,摇匀,在室温静置 30 min。用滤纸过滤,弃去最初滤液,取部分滤液测定。

3. 一般蔬菜制品、腌制品

称取约 10 g 试样(精确至 1 mg)于 100 mL 具塞比色管中,加入 50 mL 70℃的热水,振摇 5 min(或用涡旋振荡器振荡 5 min),超声处理 20 min,冷却至室温,用水稀释至刻度,摇匀,用滤纸过滤,弃去最初滤液,取部分滤液测定。

4. 调味品

称取约 5 g 试样(精确至 1 mg)于 100 mL 具塞比色管中,加入 50 mL 水,必要时,置于 70℃热水浴中加热溶解 10 min,振摇分散,超声处理 20 min,冷却至室温,用水稀释至刻度,摇匀,用滤纸过滤,弃去最初滤液,取部分滤液测定。

5. 肉禽及水产制品

称取约 10 g 试样(精确至 1 mg)于 100 mL 具塞比色管中,加入 50 mL 70℃的热水,振荡分散样品,水浴中煮沸 15 min,并不断摇动,取出,超声处理 20 min,冷却至室温,依次加入 2 mL 沉淀剂Ⅰ和 2 mL 沉淀剂Ⅱ。每次加入沉淀剂充分摇匀,用水稀释至刻度,摇匀,在室温静置 30 min。用滤纸过滤,弃去最初滤液,取部分滤液测定。

6. 鲜(冻)肉类、灌肠类、酱卤肉类、肴肉类、烧烤肉和火腿类

炭化浸出法:称取 5 g 试样(精确至 1 mg)于瓷坩埚中,小火炭化完全,炭化成分用玻璃棒轻轻研碎,然后加 25～30 mL 水,小火煮沸,冷却,过滤于 100 mL 容量瓶中,并用热水少量多次洗涤残渣及滤器,洗液并入容量瓶中,冷却至室温,加水至刻度,取部分滤液测定。

灰化浸出法:称取 5 g 试样(精确至 1 mg)于瓷坩埚中,先小火炭化,再移入高温炉中,于 500～550℃灰化,冷却,取出,残渣用 50 mL 热水分数次浸渍溶解,每次浸渍后过滤于 100 mL 容量瓶中,冷却至室温,加水至刻度,取部分滤液测定。

(三)测定

移取 10.00 mL 试液(V_2),置于 50 mL 烧杯中,加入 5 mL 硝酸溶液和 25 mL 丙酮。将玻璃电极和银电极浸入溶液中,启动电磁搅拌器。用酸式滴定管滴入 V

硝酸银标准滴定溶液(所需量的 90%),测量溶液的电位值(E)。继续滴入硝酸银标准滴定溶液,每滴入 1 mL 立即测量溶液电位值(E)。接近终点和到达终点后,每滴入 0.1 mL,测量溶液的电位值(E)。继续滴入硝酸银标准滴定溶液,直至溶液电位数值不再明显改变。记录每次滴入硝酸银标准滴定溶液的体积和电位值。以硝酸银标准滴定溶液的体积(V')和电位值(E),用列表方式计算 ΔE、ΔV、一级微商和二级微商。按式(4-13)计算滴定终点时消耗硝酸银标准滴定溶液的体积(V_3),或电位滴定仪自动滴定、记录硝酸银标准滴定溶液的体积和电位值。同时做空白实验,记录消耗硝酸银标准滴定溶液的体积(V'_0)。

四、结果分析

(1)食品中氯化物的含量按式(4-13)计算:

$$X_1 = \frac{0.0355 \times c \times (V_3 - V'_0) \times V}{m \times V_2} \times 100 \tag{4-13}$$

式中,X_1——试样中氯化物的含量(以 Cl⁻计),%;

0.0355——与 1.00 mL 硝酸银标准滴定溶液[$c(AgNO_3)$=1.000 mol/L]相当的氯的质量,g;

c——硝酸银标准滴定溶液的物质的量浓度,mol/L;

V'_0——空白实验时消耗的硝酸银标准滴定溶液体积,mL;

V_2——用于滴定的滤液体积,mL;

V_3——滴定试液时消耗的硝酸银标准滴定溶液体积,mL;

V——样品定容体积,mL;

m——试样质量,g。

当氯化物含量≥1%时,结果保留三位有效数字;当氯化物含量<1%时,结果保留两位有效数字。

(2)精密度。在重复性条件下获得的两次独立测试结果的绝对差值不得超过算术平均值的5%。

第七节　碘　　值

一、原理和方法

碘值(iodine value;iodine number)是表示有机化合物中不饱和程度的一种指标,指 100 g 物质中所能吸收(加成)碘的克数,主要用于油脂、脂肪酸、蜡及聚酯类等物质的测定。

脂肪中的不饱和脂肪酸碳链上有不饱和键，可以吸收卤素(Cl_2、Br_2 或 I_2)，不饱和键的数目越多，吸收的卤素也越多。每 100 g 脂肪，在一定条件下所吸收的碘的克数，称为该脂肪的碘值。碘值越高，不饱和脂肪酸的含量越高。因此对于一个油脂产品，其碘值是处在一定范围内的。油脂工业中生产的油酸是橡胶合成工业的原料，亚油酸是医药上治疗高血压药物的重要原材料，它们都是不饱和脂肪酸；而另一类产品如硬脂酸是饱和脂肪酸。如果产品中掺有一些其他脂肪酸杂质，其碘值会发生改变，因此碘值可被用来表示产品的纯度，同时推算出油、脂的定量组成。在生产中常需测定碘值，如判断产品分离去杂（指不饱和脂肪酸杂质）的程度等。

检测原理：在溶剂中溶解试样，加入韦氏(Wijs)试剂反应一定时间后，加入碘化钾和水，用硫代硫酸钠溶液滴定析出的碘。

二、设备和材料

1. 设备

除实验室常规仪器外，还包括下列仪器设备：玻璃称量皿、与试样量配套并可置入锥形瓶中，容量为 500 mL 的具塞锥形瓶（完全干燥），分析天平（分度值 0.001 g）。

2. 材料

碘化钾溶液(KI)：100 g/L，不含碘酸盐或游离碘。

淀粉溶液：将 5 g 可溶性淀粉在 30 mL 水中混合，加入 1000 mL 沸水，并煮沸 3 min，然后冷却。

硫代硫酸钠标准溶液：$c(Na_2S_2O_3 \cdot 5H_2O) = 0.1$ mol/L，标定后 7 d 内使用。溶剂：将环己烷和冰醋酸等体积混合。

韦氏(Wijs)试剂：含一氯化碘的乙酸溶液。韦氏(Wijs)试剂中 I/Cl 比应控制在 1.10 ± 0.1 的范围内。可市购或自己配制。

含一氯化碘的乙酸溶液配制方法可按一氯化碘 25 g 溶于 1500 mL 冰醋酸中。韦氏(Wijs)试剂稳定性较差，为使测定结果准确，应做空白样的对照测定。

配制韦氏(Wijs)试剂的冰醋酸应符合质量要求，且不得含有还原物质。

鉴定是否含有还原物质的方法：取冰醋酸 2 mL，加 10 mL 蒸馏水稀释，加入 1 mol/L 高锰酸钾 0.1 mL，所呈现的颜色应在 2 h 内保持不变。如果红色褪去，说明有还原物质存在。

可用如下方法精制：取冰醋酸 800 mL 放入圆底烧瓶内，加入 8～10 g 高锰酸钾，接上回流冷凝器，加热回流约 1 h，移入蒸馏瓶中进行蒸馏，收集 118～119℃ 的馏出物。

三、操作方法

1. 称样及空白样品的制备

根据样品预估的碘值，称取适量的样品于玻璃称量皿中，精确到 0.001 g。推荐的称样量见表 4-4。

表 4-4　试样称取质量

预估碘值/(g/100 g)	试样质量/g	溶剂体积/mL
<1.5	15.00	25
1.5～2.5	10.00	25
2.5～5	3.00	20
5～20	1.00	20
20～50	0.40	20
50～100	0.20	20
100～150	0.13	20
150～200	0.10	20

注：试样的质量必须能保证所加入的韦氏(Wijs)试剂过量 50%～60%，即吸收量的 100%～150%。

2. 测定

(1)将盛有试样的称量皿放入 500 mL 锥形瓶中，根据称样量加入表 4-3 所示与之相对应的溶剂体积溶解试样，用移液管准确加入 25 mL 韦氏(Wijs)试剂，盖好塞子，摇匀后将锥形瓶置于暗处。

(2)除不加试样外，其余按上述规定，制空白溶液。

(3)对碘值低于 150 的样品，锥形瓶应在暗处放置 1 h；碘值高于 150 的、已聚合的、含有共轭脂肪酸的(如桐油、脱水蓖麻油)、含有任何一种酮类脂肪酸(如不同程度的氢化蓖麻油)的，以及氧化到相当程度的样品，应置于暗处 2 h。

(4)到达规定的反应时间后，加 20 mL 碘化钾溶液和 150 mL 水。用标定过的硫代硫酸钠标准溶液滴定至碘的黄色接近消失。加几滴淀粉溶液继续滴定，一边滴定一边用力摇动锥形瓶，直到蓝色刚好消失，也可以采用电位滴定法确定终点。

(5)同时做空白溶液的测定。

四、结果分析

试样的碘值按式(4-14)计算：

$$W_1 = 12.69 \times c \times (V_1 - V_2) / m \qquad (4\text{-}14)$$

式中，W_1——试样的碘值，用每 100 g 样品吸取碘的克数表示(g/100 g)；

c——硫代硫酸钠标准溶液的浓度，mol/L；

V_1——空白溶液消耗硫代硫酸钠标准溶液的体积，mL；

V_2——样品溶液消耗硫代硫酸钠标准溶液的体积，mL；

m——试样的质量，g。

测定结果的取值要求方法见表 4-5。

表 4-5　测定结果的取值要求

$W_1/(\text{g}/100\ \text{g})$	结果取值到
<20	0.1
20～60	0.5
>60	1

第八节　淀　　粉

一、原理和方法

淀粉是葡萄糖分子聚合而成的，它是细胞中碳水化合物最普遍的储藏形式。淀粉在餐饮业中又称芡粉，通式是$(C_6H_{10}O_5)_n$；水解到二糖阶段为麦芽糖，化学式是 $C_{12}H_{22}O_{11}$；完全水解后得到单糖（葡萄糖），化学式是 $C_6H_{12}O_6$。淀粉有直链淀粉和支链淀粉两类。前者为无分支的螺旋结构；后者为 24~30 个葡萄糖残基以 α-1,4-糖苷键首尾相连而成，在支链处为 α-1,6-糖苷键。直链淀粉遇碘呈蓝色，支链淀粉遇碘呈紫红色。淀粉是植物体中储存的养分，一般储存在种子和块茎中，各类植物中的淀粉含量都较高。淀粉可以看作是葡萄糖的高聚体。淀粉除食用外，工业上用于制糊精、麦芽糖、葡萄糖、酒精等，也用于调制印花浆、纺织品的上浆、纸张的上胶、药物片剂的压制等。可由玉米、甘薯、野生橡子和葛根等含淀粉的物质中提取而得。淀粉属于多糖类的碳水化合物，因此样品前处理时，须用酸或酶先将淀粉水解为葡萄糖（还原糖），再以测定总糖的步骤进行检测。淀粉含量检测可采用单糖、二糖、淀粉系统测定法，同时测定三种碳水化合物的含量。

检测原理：试样经除去脂肪及可溶性糖类后，其中淀粉用酸水解成还原性的单糖，然后测定还原糖，并折算成淀粉。

二、设备和材料

1. 设备

水浴锅，高速组织捣碎机，回流装置，并附 250 mL 锥形瓶。

2. 材料

氢氧化钠，乙酸铅，硫酸钠，石油醚(沸点范围为 60～90℃)，乙醚。

甲基红指示液(2 g/L)：称取甲基红 0.20 g，用少量乙醇溶解后，定容至 100 mL。

氢氧化钠溶液(400 g/L)：称取 40 g 氢氧化钠加水溶解后，放冷，并稀释至 100 mL。

乙酸铅溶液(200 g/L)：称取 20 g 乙酸铅，加水溶解并稀释至 100 mL。

硫酸钠溶液(100 g/L)：称取 10 g 硫酸钠，加水溶解并稀释至 100 mL。

盐酸溶液(1∶1)：量取 50 mL 盐酸，与 50 mL 水混合。

85%乙醇：取 85 mL 无水乙醇，加水定容至 100 mL 混匀。

精密 pH 试纸：6.8～7.2。

三、操作方法

(一)试样处理

1. 易于粉碎的试样

将试样磨碎过 40 目筛，称取 2～5 g(精确至 0.001 g)，置于放有慢速滤纸的漏斗中，用 50 mL 石油醚或乙醚分五次洗去试样中的脂肪，弃去石油醚或乙醚。用 150 mL 乙醇(85%)分数次洗涤残渣，除去可溶性糖类物质。滤干乙醇溶液，以 100 mL 水洗涤漏斗中残渣并转移至 250 mL 锥形瓶中，加入 30 mL 盐酸(1∶1)，接好冷凝管，置沸水浴中回流 2 h。回流完毕后，立即冷却。待试样水解液冷却后，加入 2 滴甲基红指示液，先以氢氧化钠溶液(400 g/L)调至黄色，再以盐酸(1∶1)校正至水解液刚变红色。若水解液颜色较深，可用精密 pH 试纸测试，使试样水解液的 pH 约为 7。然后加 20 mL 乙酸铅溶液(200 g/L)，摇匀，放置 10 min。再加 20 mL 硫酸钠溶液(100 g/L)，以除去过多的铅。摇匀后将全部溶液及残渣转入 500 mL 容量瓶中，用水洗涤锥形瓶，洗液合并于容量瓶中，加水稀释至刻度。过滤，弃去初滤液 20 mL，滤液供测定用。

2. 其他样品

加适量水在组织捣碎机中捣成匀浆(蔬菜、水果需先洗净、晾干，取可食部分)。称取相当于原样质量 2.5～5 g 的匀浆(精确至 0.001 g)，于 250 mL 锥形瓶中，用 50 mL 石油醚或乙醚分五次洗去试样中脂肪，弃去石油醚或乙醚。以下按 1. 中自"用 150 mL 乙醇(85%)"起依次操作。

(二)测定

1. 标定碱性酒石酸铜溶液

吸取 5.0 mL 碱性酒石酸铜甲液及 5.0 mL 碱性酒石酸铜乙液，置于 150 mL 锥形瓶中，加水 10 mL，加入玻璃珠两粒，从滴定管滴加约 9 mL 葡萄糖，控制在 2 min 内加热至沸，趁沸以每两秒一滴的速度继续滴加葡萄糖，直至溶液蓝色刚好褪去即为终点。记录消耗葡萄糖标准溶液的总体积，同时做三份平行，取其平均值，计算每 10 mL(甲液、乙液各 5 mL)碱性酒石酸铜溶液相当于葡萄糖的质量(mg)。

注意:也可以按上述方法标定 4～20 mL 碱性酒石酸铜溶液(甲乙液各半)来适应试样中还原糖的浓度变化。

2. 试样溶液预测

吸取 5.0 mL 碱性酒石酸铜甲液及 5.0 mL 碱性酒石酸铜乙液,置于 150 mL 锥形瓶中,加水 10 mL,加入玻璃珠两粒,控制在 2 min 内加热至沸,保持沸腾,以先快后慢的速度,从滴定管中滴加试样溶液,并保持溶液沸腾状态,待溶液颜色变浅时,以每两秒一滴的速度滴定,直至溶液蓝色刚好褪去即为终点,记录样液消耗的体积,当样液中还原糖浓度过高时,应适当稀释后再进行正式测定,使每次滴定消耗样液的体积控制在与标定碱性酒石酸铜溶液时所消耗的还原糖标准溶液的体积相近,约为 10 mL,结果按式(4-15)计算。

3. 试样溶液测定

吸取 5.0 mL 碱性酒石酸铜甲液及 5.0 mL 碱性酒石酸铜乙液,置于 150 mL 锥形瓶中,加水 10 mL,加入玻璃珠两粒,从滴定管滴加比预测体积少 1 mL 的试样溶液至锥形瓶中,使在 2 min 内加热至沸,保持沸腾,继续以每两秒一滴的速度滴定,直至蓝色刚好褪去即为终点,记录样液消耗的体积,同法平行操作三份,得出平均消耗体积。

同时量取 50 mL 水及与试样处理时相同量的淀粉酶溶液,按同一方法做试剂空白实验。

四、结果分析

(1)试样中淀粉的含量按式(4-15)进行计算:

$$X = \frac{(m_1 - m_2) \times 0.9}{m \times V / 500 \times 1000} \times 100 \tag{4-15}$$

式中,X——试样中淀粉含量,g/100 g;

　　　m_1——测定用试样中水解液还原糖质量,mg;

　　　m_2——空白还原糖的质量,mg;

　　　0.9——还原糖(以葡萄糖计)折算成淀粉的换算系数;

　　　m——试样质量,g;

　　　V——测定用试样水解液体积,mL;

　　　500——试样液总体积,mL。

计算结果保留到小数点后一位。

(2)精密度。在重复性条件下获得的两次独立测定结果的绝对差值不得超过算术平均值的 10%。

第九节 还 原 糖

一、原理和方法

费林(Fehling)试剂及由柠檬酸、硫酸铜与氢氧化钠配制的本尼迪特试剂(班氏试剂)常与醛糖及酮糖在水浴加热的条件下反应产生氧化亚铜砖红色沉淀,即试剂本身被还原,所以凡能与上述试剂发生反应的糖被称为还原糖。

还原糖的分子结构中含有还原性基团(如游离醛基或游离酮基)。所有的单糖(除二羟丙酮),不论醛糖、酮糖都是还原糖,如葡糖糖和果糖。大部分双糖也是还原糖,蔗糖例外。费林试剂是含 Cu^{2+} 络合物的溶液,被还原后得到砖红色氧化亚铜的沉淀。本尼迪特试剂是费林溶液的改良试剂。

还原糖是食品中最重要的参数之一,其含量的多少是食品的表征指标。因此快速准确地测定食品中的还原糖,对食品的质量控制、食品安全及质量体系标准的建立具有重要的意义。

检测原理:试样经除去蛋白质后,以亚甲基蓝作指示剂,在加热条件下滴定标定过的碱性酒石酸铜溶液(已用还原糖标准溶液标定),根据样品液消耗体积计算还原糖含量。

二、设备和材料

1. 设备

天平(感量为 0.1 mg),水浴锅,可调温电炉,酸式滴定管(25 mL)。

2. 材料

盐酸,硫酸铜,亚甲基蓝,酒石酸钾钠,氢氧化钠,乙酸锌,冰醋酸,亚铁氰化钾。

3. 试剂配制

盐酸溶液(体积比 1:1):量取盐酸 50 mL,加 50 mL 水混匀。

费林试剂甲液(碱性酒石酸铜甲液):称取硫酸铜 15 g 和亚甲基蓝 0.05 g,溶于水中,并稀释至 1000 mL。

费林试剂乙液(碱性酒石酸铜乙液):称取酒石酸钾钠 50 g 和氢氧化钠 75 g,溶解于水中,再加入亚铁氰化钾 4 g,完全溶解后,用水定容至 1000 mL,储存于橡胶塞玻璃瓶中。

乙酸锌溶液:称取乙酸锌 21.9 g,加入 3 mL 冰醋酸,加水溶解并定容于 100 mL。

亚铁氰化钾溶液(106 g/L):称取亚铁氰化钾 10.6 g,加水溶解并定容至 100 mL。

氢氧化钠溶液(40 g/L):称取氢氧化钠 4 g,加水溶解后,放冷并定容至 100 mL。

三、操作方法

1. 试样制备

(1)含淀粉的食品：称取粉碎或混匀后的试样 10～20 g(精确至 0.001 g)，置于 250 mL 容量瓶中，加 200 mL 水，在 45℃水浴中加热 1 h，并时时振摇，冷却后加水至刻度，混匀，静置，沉淀。吸取 200.0 mL 上清液置于另一 250 mL 容量瓶中，缓慢加入 5 mL 乙酸锌溶液和 5 mL 亚铁氰化钾溶液，加水至刻度，混匀，静置 30 min，用干燥滤纸过滤，弃去初滤液，取后续滤液备用。

(2)酒精饮料：称取混匀后的试样 100 g(精确至 0.01 g)，置于蒸发皿中，用氢氧化钠溶液中和至中性，在水浴上蒸发至原体积的 1/4 后，移入 250 mL 容量瓶中，缓慢加入 5 mL 乙酸锌溶液和 5 mL 亚铁氰化钾溶液，加水至刻度，混匀，静置 30 min，用干燥滤纸过滤，弃去初滤液，取后续滤液备用。

(3)碳酸饮料：称取混匀后的试样 100 g(精确至 0.01 g)于蒸发皿中，在水浴上微热搅拌除去二氧化碳后，移入 250 mL 容量瓶中，用水洗涤蒸发皿，洗液并入容量瓶，加水至刻度，混匀后备用。

(4)其他食品：称取粉碎后的固体试样 2.5～5 g(精确至 0.001 g)或混匀后的液体试样 5～25 g(精确至 0.001 g)，置于 250 mL 容量瓶中，加 50 mL 水，缓慢加入 5 mL 乙酸锌溶液和 5 mL 亚铁氰化钾溶液，加水至刻度，混匀，静置 30 min，用干燥滤纸过滤，弃去初滤液，取后续滤液备用。

2. 碱性酒石酸铜溶液的标定

吸取 5.0 mL 碱性酒石酸铜甲液和 5.0 mL 碱性酒石酸铜乙液，置于 150 mL 锥形瓶中，加入 10 mL 水，然后加入玻璃珠 2～4 粒，从滴定管中加入约 9 mL 葡萄糖，控制在 2 min 中内加热至沸，趁热以每两秒 1 滴的速度继续滴加葡萄糖(或其他还原糖)标准溶液，直至溶液蓝色刚好褪去即为终点，记录消耗葡萄糖(或其他还原糖)标准溶液的总体积，同时平行操作 3 份，取其平均值，计算每 10 mL 碱性酒石酸铜溶液(碱性酒石酸甲、乙液各 5 mL)相当于葡萄糖(或其他还原糖)的质量(mg)。

注意：也可以按上述方法标定 4～20 mL 碱性酒石酸铜溶液(甲、乙液各半)来适应试样中还原糖的浓度变化。

3. 试样溶液预测

吸取 5.0 mL 碱性酒石酸铜甲液和 5.0 mL 碱性酒石酸铜乙液置于 150 mL 锥形瓶中，加入 10 mL 水，然后加入玻璃珠 2～4 粒，控制在 2 min 内加热至沸，保持沸腾，以先快后慢的速度，从滴定管中滴加试样溶液，并保持沸腾状态，待溶液颜色变浅时，以每两秒 1 滴的速度滴定，直至溶液蓝色刚好褪去即为终点，记录样品溶液消耗体积。

注意：当样液中还原糖浓度过高时，应适当稀释后再进行正式测定，使每次滴定消耗样液的体积控制在与标定碱性酒石酸铜溶液时所消耗的还原糖标准溶液的体积相近，约 10 mL，结果按式(4-16)计算；当浓度过低时则采取直接加入 10 mL 样品液，免去加水 10 mL，再用还原糖标准溶液滴定至终点，记录消耗的体积与标定时消耗的还原糖标准溶液体积之差相当于 10 mL 样液中所含还原糖的量，结果按式(4-17)计算。

4. 试样溶液测定

吸取 5.0 mL 碱性酒石酸铜甲液和 5.0 mL 碱性酒石酸铜乙液，置于 150 mL 锥形瓶中，加入 10 mL 水，然后加入玻璃珠 2～4 粒，从滴定管滴加比预测体积少 1 mL 的试样溶液至锥形瓶中，控制在 2 min 内加热至沸，保持沸腾继续以每两秒 1 滴的速度滴定，直至蓝色刚好褪去即为终点，记录样液消耗体积，同法平行操作三份，得出平均消耗体积(V)。

四、结果分析

(1)试样中还原糖的含量(以某种还原糖计)按式(4-16)计算：

$$X = \frac{m_1 \times 250 \times 100}{m \times F \times V \times 1000} \tag{4-16}$$

式中，X——试样中还原糖的含量(以某种还原糖计)，g/100 g；

m_1——碱性酒石酸铜溶液(甲、乙液各半)相当于某种还原糖的质量，mg；

m——试样质量，g；

F——系数，对含淀粉的食品、碳酸饮料、其他食品为 1，酒精饮料为 0.80；

V——测定时平均消耗试样溶液体积，mL；

250——定容体积，mL；

1000——换算系数。

(2)当浓度过低时，试样中还原糖的含量(以某种还原糖计)按式(4-17)计算：

$$X = \frac{m_2 \times 250 \times 100}{m \times F \times V \times 1000} \tag{4-17}$$

式中，X——试样中还原糖的含量(以某种还原糖计)，g/100 g；

m_2——标定时体积与加入样品后消耗的还原糖标准溶液体积之差相当于某种还原糖的质量，mg；

m——试样质量，g；

F——系数，对含淀粉的食品、碳酸饮料、其他食品为 1；酒精饮料为 0.80；

V——样液体积，mL；

250——定容体积，mL；

1000 ——换算系数。

还原糖含量≥10 g/100 g 时，计算结果保留三位有效数字；还原糖含量<10 g/100 g 时，计算结果保留两位有效数字。

(3)精密度。在重复性条件下获得的两次独立测定结果的绝对差值不得超过算术平均值的 5%。

第十节　肉制品中的总糖

一、原理和方法

总糖主要指具有还原性的葡萄糖、果糖、戊糖、乳糖和在测定条件下能水解为还原性的单糖的蔗糖(水解后为 1 分子葡萄糖和 1 分子果糖)、麦芽糖(水解后为 2 分子葡萄糖)，以及可能部分水解的淀粉(水解后为 2 分子葡萄糖)。

食品中总糖的含量可以用来评价该食品的质量、营养及风味，所以对总糖含量进行精确的测定显得尤为重要。

检测原理：试样先除去蛋白质后，经盐酸水解，在加热条件下，以亚甲基蓝作指示剂，滴定标定过的费林试剂(碱性酒石酸铜溶液)，根据消耗样品液的量得到试样总糖的含量。

二、设备和材料

1. 设备

酸式滴定管(25 mL)，可调电炉(带石棉网)，绞肉机。

2. 材料

盐酸溶液(1∶1)。

费林试剂甲液(碱性酒石酸铜甲液)：称取 15 g 硫酸铜($CuSO_4 \cdot 5H_2O$)及 0.05 g 亚甲基蓝，溶于水中并稀释至 1000 mL。

费林试剂乙液(碱性酒石酸铜乙液)：称取 50 g 酒石酸钾钠、75 g 氢氧化钠，溶于水中，再加入 4 g 亚铁氰化钾，完全溶解后，用水稀释至 1000 mL，储存于橡胶塞玻璃瓶内。

乙酸锌溶液：称取 21.9 g 乙酸锌，加 3 mL 冰醋酸，加水溶解并稀释至 100 mL。

亚铁氰化钾溶液：称取 10.6 g 亚铁氰化钾，加水溶解并稀释至 100 mL。

甲基红指示剂：称取 0.1 g 甲基红，用少量乙醇(95%)溶解后，稀释至 100 mL。

氢氧化钠溶液：称取 200 g 固体氢氧化钠，用水溶解并稀释至 1000 mL。

葡萄糖标准溶液：准确称取 1.000 g 经过(96±2)℃干燥 2 h 的纯葡萄糖，加水溶解后加入 5 mL 盐酸，并以水定容至 1000 mL。此溶液每毫升相当于 1.0 mg 葡萄糖。

三、操作方法

1. 试样处理

称取试样 5~10 g(精确至 0.001 g)，置于 250 mL 容量瓶中，加入 50 mL 水在 45℃浴中加热 1 h，并时时振摇。慢慢加入 5 mL 乙酸锌溶液及 5 mL 亚铁氰化钾溶液，冷却至室温，加水至刻度，混匀，沉淀，静置 30 min，用干燥滤纸过滤，弃去初滤液，准确吸取 50 mL 滤液于 100 mL 容量瓶中，加入 5 mL 盐酸溶液，在 68~70℃浴中加热 15 min，冷却后加两滴甲基红指示剂，用氢氧化钠溶液中和至中性，加水至刻度，混匀，作为试样溶液。

2. 费林试剂的标定

准确吸取 5.0 mL 费林试剂甲液及 5.0 mL 费林试剂乙液，置于 150 mL 锥形瓶中，加入 10 mL 水，然后加入玻璃珠两粒，从滴定管预加约 9 mL 葡萄糖标准溶液，控制在 2 min 内加热至沸，趁热以每两秒 1 滴的速度继续滴加葡萄糖标准溶液，直至溶液蓝色刚好褪去即为终点(若滴定体积小于 0.5 mL 或大于 1 mL 则需调整加入葡萄糖标准溶液的量)，记录消耗葡萄糖标准溶液的总体积，同时平行操作三份，取其平均值，计算每 10 mL(甲、乙液各 5 mL)费林试剂相当于葡萄糖的质量(mg)[也可以按上述方法标定 4~20 mL 费林试剂(甲、乙液各半)来适应试样中糖的浓度变化]。

3. 试样溶液预测

准确吸取 5.0 mL 费林试剂甲液及 5.0 mL 费林试剂乙液，置于 150 mL 锥形瓶中，加入 10 mL 水，然后加入玻璃珠两粒，控制在 2 min 内加热至沸，趁沸以先快后慢的速度，从滴定管中滴加试样溶液，并保持溶液沸腾状态，待溶液颜色变浅时，以每两秒 1 滴的速度滴定，直至溶液蓝色刚好褪去即为终点，记录试样溶液消耗体积。当试样溶液中还原糖浓度过高时应适当稀释，再进行正式测定，使每次滴定消耗试样溶液的体积控制在与标定斐林试剂时所消耗的葡萄糖标准溶液的体积相近，约为 10 mL。当浓度过低时则采取直接加入 10 mL 试样溶液，再用葡萄糖标准溶液滴定至终点，记录消耗的体积与标定时消耗的葡萄糖标准溶液体积之差相当于 10 mL 试样溶液中所含葡萄糖的量。

4. 试样溶液测定

准确吸取 5.0 mL 费林试剂甲液及 5.0 mL 费林试剂乙液，置于 150 mL 锥形瓶中，加入 10 mL 水，然后加入玻璃珠两粒，从滴定管预加比预测体积少 1 mL 的试样溶液至锥形瓶中，在 2 min 内加热至沸，趁沸继续以每两秒 1 滴的速度滴定，直至蓝色刚好褪去即为终点，记录试样溶液消耗的体积。同法平行操作三份，得出平均消耗体积。

四、结果分析

(1)试样中葡萄糖的含量(以葡萄糖计)按式(4-18)计算：

$$X_2 = \frac{A \times V_0}{m \times V_1 \times 1000} \times 2 \times 100 \tag{4-18}$$

式中，X_2——试样中总糖的含量(以葡萄糖计)，g/100 g；

　　　　A——费林试剂(甲、乙液各半)相当于葡萄糖的质量，mg；

　　　　V_0——试样经前处理后定容的体积，mL；

　　　　m——试样的质量，g；

　　　　V_1——测定时平均消耗试样溶液的体积，mL；

　　　　2——试样水解时稀释倍数。

当平行测定符合精密度所规定的要求时,取平行测定的算术平均值作为结果,精确到 0.1%。

(2)精密度。在同一实验室由同一操作者在短暂的时间间隔内、用同一设备对同一试样获得的两次独立测定结果的绝对差值不得超过 1%。

参 考 文 献

艾合买提, 李世迁, 周培疆. 2011. 硝酸银滴定法测量水中氯化物含量的不确定度评定. 环境科学与技术, 34(7): 161-166.

曹占文, 李彦军, 杜东欣. 2010. 油脂碘值测定的模拟方法. 粮油食品科技, 6: 40-41.

陈娜, 尚宇, 邱杨, 等. 2012. 肉制品中总糖含量测定方法的探讨. 现代食品科技, 28(6): 720-721.

陈少东, 陈福比, 杨帮乐, 等. 2011. 几种食用油中不饱和脂肪酸和皂化值的测定研究. 化工技术与开发, 40(10): 53-55.

崔春梅, 舒去非. 2001. 如何测定食品中总糖含量. 技术监督纵横, 06: 40.

董丙坤, 董菊芬. 2010. 食用油脂碘值测定. 河南农业, 2: 54-56.

韩蒲苓, 蒋晓光, 陈兆君, 等. 2012. 电位滴定法测定植物油中低含皂量. 粮食与油脂, 5: 28-29.

黎洁. 2013. 影响食品中总糖含量测定的几个重要因素. 科技资讯, 3: 216.

李春一, 辛晓娟. 2007. 滴定法测定油脂中酸价的不确定度评估. 中国食品卫生杂志, 19(3): 262-263.

李丽敏, 顾蔚中. 2000. 滴定分析法重点难点剖析. 昌潍师专学报, 19(5): 59-61.

李莉, 郑璇, 赵彬, 等. 2012. 自动电位滴定仪测定氯化物的探讨. 环境科学与技术, 35(4): 104-106.

罗盛旭, 吴良, 梁振益, 等. 2007. 自动电位滴定法测定果汁的总酸及果汁酸度的变化规律. 化学分析计量, 16(5): 53-56.

罗在粉, 王兴章, 卿云光. 2009. 费林试剂测定食品中还原糖影响因素的探讨. 中国卫生检验杂志, 4: 951.

马训, 殷晓明, 王强. 2008. 滴定法测定食品中的总酸度. 企业标准化, 22: 14.

祁宏. 2013. 食品中还原糖的测定. 中国科技博览, 15: 346.

山瑛. 2011. 浅谈植物油中皂化值的测定. 中国卫生检验杂志, 21(3): 767.

尚瑛达, 曹素芳. 1999. 浅谈滴定法测定油脂酸价的几个问题. 四川粮油科技, 4: 49-50.

孙兰, 卢玉棋, 潘心红. 2000. 自动电位滴定仪测定酱料类调味品中的氯化物. 中国卫生检验杂志, 10(5): 568-570.

魏林恒, 牛谦, 董学芝, 等. 2004. 催化滴定分析法的现状及进展. 理化检验-化学分册, 40(7): 423-429.

吴莉莉, 钟烈铸, 张涛. 2000. 库仑滴定测定食品油脂酸价. 化学研究与运用, 12(1): 112-114.

武春青, 李春松. 2010. 电位滴定法近年来的研究进展. 内江科技, 11: 56.

杨淑华, 张桂芳, 孙立波, 等. 2005. 电位滴定法测定乳及乳制品的酸度. 预防医学论坛, 11(2): 205-206.

杨有仙, 赵燕, 李建科, 等. 2010. 直链淀粉含量测定方法研究进展. 食品科学, 23: 417-422.

俞学炜, 丁荣敏. 2014. 电位滴定法在药物分析中的应用进展. 理化检验-化学分册, 50(3): 397-400.

张双莉, 张清清, 江元汝, 等. 2011. 食用油的碘值、酸值、皂化值的测定及健康评价. 辽宁化工, 40(5): 529-531.

张永勤, 王哲平, 宋雨梅, 等. 2010. 还原糖测定方法的比较研究. 食品工业科技, 31(6): 321-323.

赵志明. 1997. 浅议《食品中葡萄糖的测定方法》及《食品中蔗糖的测定方法》. 中国检验检疫, 12: 15.

钟国清. 2004. 油脂碘值的测定方法. 粮油食品科技, 12: 29-30.

左天明. 2012. 食品中糖类物质国家标准检验方法的探讨. 中国检验检疫, 9: 19-20.

GB 5009.9—2016 食品安全国家标准 食品中淀粉的测定, 2016.

GB/T 5009.227—2016 食品安全国家标准 食品中过氧化值的测定, 2016.

GB/T 5009.229—2016 食品安全国家标准 食品中酸价的测定, 2016.

GB/T 5009.239—2016 食品安全国家标准 食品酸度的测定, 2016.

GB/T 5009.44—2016 食品安全国家标准 食品中氯化物的测定, 2016.

GB/T 5009.7—2016 食品安全国家标准 食品中还原糖的测定, 2016.

GB/T 5524—2008 动植物油脂 扦样, 2008.

GB/T 5532—2008 动植物油脂 碘值的测定, 2008.

GB/T 5533—2008 粮油检验 植物油脂含皂量的测定, 2008.

GB/T 5534—2008 动植物油脂 皂化值的测定, 2008.

GB/T 9695.31—2008 肉制品 总糖含量测定, 2008.

第五章　分光光度法

一、紫外分光光度法原理

紫外分光光度法的基本原理遵循朗伯-比尔定律，即溶液的吸光度与吸光物质的浓度及吸收厚度成正比($A=\varepsilon bc$)。对于同种物质，虽浓度改变，但吸收波长不变，ε(摩尔吸光系数)为一常数；b 为吸收厚度，紫外分光光度计中吸收池的厚度为 1 cm，即此值在测定中已人为固定。因此在实验过程中溶液的吸光度 A 只与溶液的浓度 c 成正比。因此，可以运用标准曲线法进行物质含量的测定。

二、研究进展

紫外分光光度法作为药物分析的一种常用方法，由于其仪器简便、快速、结果准确而得到普遍应用。将紫外分光光度法与其他分析方法联用，如可见分光光度法、薄层色谱法等将会成为药物分析鉴定中常用的手段。

紫外分光光度法广泛用于化学、生物化学、医学、环境监测、食品卫生检验分析方面。凡在 200～1000 nm 范围内有特征性吸收或与试剂反应后形成特征性吸收、符合朗伯-比尔定律的，都可以分析，如蛋白质、肌红蛋白、还原性谷胱甘肽等。

近些年，紫外-可见分光光度法在仪器和技术方面都取得了非常大的发展。仪器已经向微型化、固态化、自动化、在线化方向发展。同时，仪器的各项技术指标(光谱范围、波长的准确性及重复性、分辨率、扫描速率、吸光度、杂散光等)都越来越好。技术方面，不经分离直接测定多组分体系及各种方法的联用已经成为发展的主要方向。今后，紫外-可见分光光度法将会朝着高灵敏度、低检出限的方向发展，同时实现无损分析、无污染分析。运用紫外-可见分光光度法如何更好地进行未知物结构的鉴定将会是广大科技工作者研究的热点问题。

第一节　食品中蛋白质的测定

一、原理和方法

蛋白质(protein)是组成人体一切细胞、组织的重要成分。机体所有重要的组成部分都需要有蛋白质的参与。一般说，蛋白质占人体总质量的 16%～20%，最重要的还是其与生命现象有关。

蛋白质是生命的物质基础，是有机大分子，是构成细胞的基本有机物，是生命活动的主要承担者。没有蛋白质就没有生命。氨基酸(amino acid)是蛋白质的基本组成单位，它是与生命及与各种形式的生命活动紧密联系在一起的物质。机体中的每一个细胞和所有重要组成部分都有蛋白质参与。蛋白质占人体质量的16%～20%，即一个体重60 kg的成年人其体内蛋白质含量为9.6～12 kg。人体内蛋白质的种类很多，性质、功能各异，但都是由20多种氨基酸按不同比例组合而成的，并在体内不断进行代谢与更新。

检测意义：蛋白质在生物体内占有特殊的地位，它和核酸是构成原生质的主要成分，是生命现象的物质基础。食物中的蛋白质是人体中氮的唯一来源，具有糖类和脂肪不可替代的作用。作为生命的物质基础之一，蛋白质在催化生命体内各种反应进行、调节代谢、抵御外来物质入侵及控制遗传信息等方面都起着至关重要的作用。蛋白质的分离与定性、定量分析是生物化学和其他生物学科、食品检验、临床检验、疾病诊断、生物药物分离提纯和质量检验中最重要的工作。

检测原理：食品中的蛋白质在催化加热条件下被分解，分解产生的氨与硫酸结合生成硫酸铵，在 pH 4.8 的乙酸钠-乙酸缓冲溶液中与乙酰丙酮和甲醛反应生成黄色的 3,5-二乙酰-2,6-二甲基-1,4-二氢化吡啶化合物。 在波长 400 nm 下测定吸光度，与标准系列比较定量，测定结果乘以换算系数即为蛋白质含量。

二、设备和材料

1. 设备

分光光度计，电热恒温水浴锅(100 ± 0.5)℃，10 mL 具塞玻璃比色管，天平(感量为 1 mg)。

2. 材料

硫酸铜，硫酸钾，硫酸(密度为 1.84 g/L，优级纯)，氢氧化钠，对硝基苯酚，乙酸钠，无水乙酸钠，乙酸(优级纯)，37%甲醛，乙酰丙酮。

氢氧化钠溶液(300 g/L)：称取 30 g 氢氧化钠加水溶解后，放冷并稀释至 100 mL。

对硝基苯酚指示剂溶液(1 g/L)：称取 0.1 g 对硝基苯酚指示剂溶于 20 mL 95% 乙醇中，加水稀释至 100 mL。

乙酸溶液(1 mol/L)：量取 5.8 mL 乙酸，加水稀释至 100 mL。

乙酸钠溶液(1 mol/L)：称取 41 g 无水乙酸钠或 68 g 乙酸钠，加水溶解后并稀释至 500 mL。

乙酸钠-乙酸缓冲溶液：量取 60 mL 乙酸钠溶液与 40 mL 乙酸溶液混合，该溶液 pH 为 4.8。

显色剂：15 mL 甲醛与 7.8 mL 乙酰丙酮混合，加水稀释至 100 mL，剧烈振摇混匀(室温下放置稳定 3d)。

氨氮标准储备溶液(以氮计)(1.0 g/L)：称取 105℃干燥 2 h 的硫酸铵 0.4720 g加水溶解后置于 100 mL 容量瓶中，并稀释至刻度，混匀，此溶液每毫升相当于1.0 mg 氮。

氨氮标准使用溶液(0.1 g/L)：用移液管吸取 10.00 mL 氨氮标准储备液于 100 mL容量瓶内，加水定容至刻度，混匀，此溶液每毫升相当于 0.1 mg 氮。

三、操作方法

1. 试样消解

称取经粉碎混匀过 40 目筛的固体试样 0.1～0.5 g(精确至 0.001 g)、半固体试样 0.2～1 g(精确至 0.001 g)或液体试样 1～5 g(精确至 0.001 g)，移入干燥的100 mL 或 250 mL 定氮瓶中，加入 0.1 g 硫酸铜、1 g 硫酸钾及 5 mL 硫酸，摇匀后于瓶口放一小漏斗，将定氮瓶以45°角斜支于有小孔的石棉网上。缓慢加热，待内容物全部炭化，泡沫完全停止后，加强火力，并保持瓶内液体微沸，至液体呈蓝绿色澄清透明后，再继续加热 0.5 h。取下放冷，慢慢加入 20 mL 水，放冷后移入 50 mL 或 100 mL 容量瓶中，并用少量水洗定氮瓶，洗液并入容量瓶中，再加水至刻度，混匀备用。按同一方法做试剂空白实验。

2. 试样溶液的制备

吸取 2.00～5.00 mL 试样或试剂空白消化液于 50 mL 或 100 mL 容量瓶内，加 1～2 滴对硝基苯酚指示剂溶液，摇匀后滴加氢氧化钠溶液中和至黄色，再滴加乙酸溶液至无色，用水稀释至刻度，混匀。

3. 标准曲线的绘制

吸取 0.00 mL、0.05 mL、0.10 mL、0.20 mL、0.40 mL、0.60 mL、0.80 mL 和1.00 mL 氨氮标准溶液(相当于 0.00 μg、5.00 μg、10.0 μg 、20.0 μg、40.0 μg、60.0μg、80.0 μg 和 100.0 μg 氮)，分别置于 10 mL 比色管中。加入 4.0 mL 乙酸钠-乙酸缓冲溶液及 4.0 mL 显色剂，加水稀释至刻度，混匀。置于 100℃水浴中加热 15min。取出用水冷却至室温后，移入 1 cm 比色杯内，以零管为参比，于 400 nm 波长处测量吸光度，根据各点吸光度绘制标准曲线或计算线性回归方程。

4. 试样测定

吸取 0.50～2.00 mL(相当于氮＜100 μg)试样溶液和同量的试剂空白溶液，分别置于 10 mL 比色管中。以下按 3 中自"加 4 mL 乙酸钠-乙酸缓酸溶液(pH 4.8)及 4 mL 显色剂……"起操作。试样吸光度与标准曲线比较定量或代入线性回归方程求出含量。

四、结果分析

（1）试样中蛋白质的含量按式（5-1）进行计算：

$$X = \frac{(c - c_0)}{m \times \dfrac{V_2}{V_1} \times \dfrac{V_4}{V_3} \times 1000 \times 1000} \times 100 \times F \tag{5-1}$$

式中，X——试样中蛋白质的含量，g/100 g；

　　　c——试样测定液中氮的含量，μg；

　　　c_0——试剂空白测定液中氮的含量，μg；

　　　V_1——试样消化液定容体积，mL；

　　　V_2——制备试样溶液的消化液体积，mL；

　　　V_3——试样溶液总体积，mL；

　　　V_4——测定用试样溶液体积，mL；

　　　m——试样质量，g；

　　　F——氮换算为蛋白质的系数。一般食物为6.25；纯乳与纯乳制品为6.38；面粉为5.70；玉米、高粱为6.24；花生为5.46；大米为5.95；大豆及其粗加工制品为5.71；大豆蛋白制品为6.25；肉与肉制品为6.25；大麦、小米、燕麦、裸麦为5.83；芝麻、向日葵为5.30；复合配方食品为6.25。

以重复性条件下获得的两次独立测定结果的算术平均值表示，蛋白质含量≥1 g/100 g 时，结果保留三位有效数字；蛋白质含量＜1 g/100 g 时，结果保留两位有效数字。

（2）精密度。在重复性条件下获得的两次独立测定结果的绝对差值不得超过算术平均值的10%。

第二节　过 氧 化 值

一、原理和方法

过氧化值的相关介绍和检测的意义参考第四章滴定法中过氧化值的检测章节。蛋糕、月饼、方便面、绿豆糕、桃酥、莲花酥、饼干、面包、萨其马、肉制品、坚果、水产品及其制品、速冻水饺、火腿、火腿肠、腌腊肉、婴幼儿奶粉等食品。同时"地沟油"为反复使用的废弃油脂回购加工所得，其过氧化值也是严重超标的，虽然过氧化值不能作为检测"地沟油"的唯一指标，但是也可以作为"地沟油"的初步筛查方法之一。

另外并不是买来合格的食品就不用担心过氧化值超标的问题，买回来的食品如果放置时间过长，或者买回生产过久的食品，食品中的油脂不可避免地会发生酸败氧化，进而引起过氧化值增高的问题。例如，买回合格的食用油，特别是大桶的食用油，在使用过程中，每次打开盖，都会进入一些氧气，打开次数越多越会增加油脂酸败氧化的速度，所以要尽量减少打开的次数，购买食品也要注意查看保质期。

检测原理：试样用三氯甲烷-甲醇混合溶剂溶解，试样中的过氧化物将二价铁离子氧化成三价铁离子，三价铁离子与硫氨酸盐反应生成橙红色硫氨酸铁配合物，在 500 nm 波长处测定吸光度，与标准系列比较定量。

二、设备和材料

1. 设备

分光光度计，10 mL 具塞玻璃比色管。

2. 材料

(1) 盐酸溶液(10 mol/L)：准确量取 83.3 mL 浓盐酸，加水稀释至 100 mL，混匀。

(2) 过氧化氢(30%)。

(3) 三氯甲烷：甲醇(7∶3)混合溶剂：量取 70 mL 三氯甲烷和 30 mL 甲醇混合。

(4) 氯化亚铁溶液(3.5 g/L)：准确称取 0.35 g 氯化亚铁($FeCl_2 \cdot 4H_2O$)于 100 mL 棕色容量瓶中，加水溶解后，加 2 mL 盐酸溶液(10 mol/L)，用水稀释至刻度(该溶液在 10℃下冰箱内可稳定储存 1 年以上)。

(5) 硫氰酸钾溶液(300 g/L)：称取 30 g 硫氰酸钾，加水溶解至 100 mL(该溶液在 10℃下冰箱内可稳定储存 1 年以上)。

(6) 铁标准储备溶液(1.0 g/L)：称取 0.1000 g 还原铁粉于 100 mL 烧杯中，加 10 mL 盐酸(10 mol/L)、0.5～1 mL 过氧化氢(30%)溶解后，于电炉上煮沸 5 min 以除去过量的过氧化氢。冷却至室温后移入 100 mL 容量瓶中，用水稀释至刻度，混匀，此溶液每毫升相当于 1.0 mg 铁。

(7) 铁标准使用溶液(0.01g/L)：用移液管吸取 1.0 mL 铁标准储备溶液(1.0 mg/mL)置于 100 mL 容量瓶中，加入三氯甲烷：甲醇(7∶3)混合溶剂稀释至刻度，混匀，每毫升此溶液相当于 10.0 μg 铁。

三、操作方法

1. 试样溶液的制备

精密称取 0.01～1.0 g 试样(准确至刻度 0.0001 g)于 10 mL 容量瓶内,加入三氯甲烷:甲醇(7:3)混合溶剂溶解并稀释至刻度,混匀。分别精密吸取铁标准使用溶液(10.0 μg/mL)0 mL、0.2 mL、0.5 mL、1.0 mL、2.0 mL、3.0 mL、4.0 mL (各自相当于铁浓度 0μg、2.0μg、5.0μg、10.0μg、20.0μg、30.0μg、40.0 μg)于干燥的 10 mL 比色管中,用三氯甲烷:甲醇(7:3)混合溶剂稀释至刻度,混匀。加 1 滴(约 0.05 mL)硫氰酸钾溶液(300 g/L),混匀。室温(10～35℃)下准确放置 5 min 后,移入 1 cm 比色皿中,以三氯甲烷:甲醇(7:3)混合溶剂为参比,于 500 nm 波长处测定吸光度,以各点标准吸光度减去零管吸光度后绘制标准曲线或直线回归方程计算。

2. 试样测定

精密吸取 1.0 mL 试样溶液于干燥的 10 mL 比色管内,加 1 滴(约 0.05 mL)氯化亚铁(3.5 g/L)溶液,用三氯甲烷:甲醇(7:3)混合溶剂稀释至刻度,混匀。以下按 1 中方法自"加 1 滴(约 0.05 mL)硫氰酸钾溶液(300 g/L)……"起依次操作。试样吸光度减去零管吸光度后与曲线比较或代入回归方程求得含量。

四、结果分析

(1)试样中过氧化值按式(5-2)进行计算。

$$X = \frac{c - c_0}{m \times \dfrac{V_2}{V_1} \times 55.84 \times 2} \tag{5-2}$$

式中,X——试样中过氧化值,mEq/kg;

c——由标准曲线上查得试样中铁的质量,μg;

c_0——由标准曲线上查得零管铁的质量,μg;

V_1——试样稀释总体积,mL;

V_2——测定时取样体积,mL;

m——试样质量,g;

55.84——Fe 的原子量;

2——换算因子。

(2)精密度。在重复性条件下获得的两次独立测定结果的绝对差值不得超过算术平均值的 10%。

第三节　羰　基　价

一、原理和方法

羰基价（CGV）是指油脂酸败时产生的含有醛基和酮基的脂肪酸或甘油酯及其聚合物的总量。羰基价通常是以被测油脂经处理后在 440 nm 下相当于 1 g（或 100 mg）油样的吸光度表示，或以相当于 1 kg 油样中羰基的毫克当量（mEq）数表示。大多数酸败油脂和加热劣化油的 CGV 超过 50 mEq/kg，有明显酸败味的食品可高达 70mEq/kg。我国规定食用植物油煎炸过程中 CGV≤50 mEq/kg。

油脂受环境（空气、温度、微生物、热、光等）影响，易氧化生成过氧化物，进一步分解为含羰基的化合物，这些二次产物中的羰基化合物（醛、酮类化合物）的聚积量就是羰基价。对食用油脂中羰基价的测定，国家标准检验方法为 2,4-二硝基苯肼比色法。

检测原理：羰基化合物和 2,4-二硝基苯肼的反应产物，在碱性溶液中形成褐红色或酒红色，在 440 nm 下，测定吸光度，计算羰基价。

二、设备和材料

1. 设备

分光光度计。

2. 材料

（1）精制乙醇：取 1000 mL 无水乙醇，置于 2000 mL 圆底烧瓶中，加入 5 g 铝粉、10 g 氢氧化钾，接好标准磨口的回流冷凝管，水浴加热回流 1 h。然后用全玻璃蒸馏装置蒸馏收集馏液。

（2）精制苯：取 500 mL 苯，置于 1000 mL 分液漏斗中，加入 50 mL 硫酸，小心振摇 5min，开始振摇时注意放气。静置分层，弃除硫酸层，再加入 50 mL 硫酸重复处理一次，将苯层移入另一分液漏斗，用水洗涤三次，然后经无水硫酸钠脱水，用全玻璃蒸馏装置蒸馏收集馏液。

（3）2,4-二硝基苯肼溶液：称取 50 mg 2,4-二硝基苯肼，溶于 100 mL 精制苯中。

（4）三氯乙酸溶液：称取 4.3g 固体三氯乙酸，加入 100 mL 精制苯溶解。

（5）氢氧化钾-乙醇溶液：称取 4 g 氢氧化钾，加入 100 mL 精制乙醇使其溶解，置冷暗处过夜，取上部澄清液使用。若溶液变黄褐色则应重新配制。

三、操作方法

精密称取 0.025～0.5 g 试样，置于 25 mL 容量瓶中，加苯溶解试样并稀释至刻度。吸取上述溶液 5.0 mL，置于 25 mL 具塞试管中，加 3 mL 三氯乙酸溶液及 5 mL 2,4-二硝基苯肼溶液，仔细振摇混匀，在 60℃水浴中加热 30 min，冷却后，沿试管壁慢慢加入 10 mL 氢氧化钾-乙醇溶液，使成为二液层，塞好塞子，剧烈振摇混匀，放置 10 min。以 1cm 比色杯，用试剂空白调节零点，于 440 nm 波长处测定吸光度。

四、结果分析

(1)试样的羟基价按式(5-3)进行计算：

$$X = \frac{A}{854 \times m \times \frac{V_2}{V_1}} \times 1000 \tag{5-3}$$

式中，X——试样的羟基价，mEq/kg；

　　A——测定时样液吸光度；

　　m——试样质量，g；

　　V_1——试样稀释后的总体积，mL；

　　V_2——测定用试样稀释液的体积，mL；

　　854——各种醛的毫克当量吸光系数的平均值。

结果保留三位有效数字。

(2)精密度。在重复性条件下获得的两次独立测定结果的绝对差值不得超过算术平均值的 5%。

第四节　游　离　棉　酚

一、原理和方法

棉酚是一种黄色多酚羟基双萘醛类化合物，主要存在于锦葵科棉属植物棉花的根、茎、叶和种子内，棉籽仁中含量最高。棉酚是锦葵科棉属植物草棉、树棉或陆地棉成熟种子、根皮中提取的一种多元酚类物质，具有抑制精子发生和精子活动的作用。可作为一种有效的男用避孕药。

棉酚是一种有毒物，对人和动物有害，因而大大降低了棉副产品的利用价值，但它在医药和工农业方面却有着广泛的用途。

检测原理：试样中游离棉酚经丙酮提取后，在 378 nm 处有最大吸收，其吸收度与棉酚量在一定范围内成正比，与标准系列比较定量。本法适用于游离棉酚。

二、设备和材料

1. 设备

紫外分光光度计。

2. 材料

(1)丙酮(70%)：将 350 mL 丙酮加水稀释至 500 mL。

(2)棉酚标准溶液：准确称取 0.1000 g 棉酚，置于 100 mL 容量瓶中，加丙酮(70%) 溶解并稀释至刻度。每毫升此溶液相当于 1.0 mg 棉酚。

(3)棉酚标准使用液：吸取 5.0 mL 棉酚标准溶液，置于 100 mL 容量瓶中，加丙酮(70%)稀释至刻度。每毫升此溶液相当于 50.0 μg 棉酚。

三、操作方法

称取 1.00g 精制棉油或 0.20g 粗棉油，置于 100 mL 具塞锥形瓶中，加入 20.0 mL 丙酮(70%)，并加入玻璃珠 3～5 粒，在电动振荡器上振荡 30 min，然后在冰箱中放置过夜。取此提取液的上清液，过滤。滤液供测定用。

吸取 0.00 mL、0.10 mL、0.20 mL、0.40 mL、0.80 mL、1.60 mL、2.40 mL 棉酚标准使用液(相当于 0 μg、5 μg、10 μg、20 μg、40 μg、80 μg、120 μg 棉酚)，分别置于 10 mL 具塞试管中。各加入丙酮 (70%) 10 mL，混匀，静置 10 min。取试样滤液及标准液于 1 cm 石英比色杯中，以丙酮 (70%)调节零点，于 378 nm 波长处测吸光度，绘制标准曲线比较。

四、结果分析

(1)试样中游离棉酚的含量按式(5-4)进行计算：

$$X = \frac{m_1}{m_2 \times 1000 \times 1000} \times 100 \times 2 \qquad (5\text{-}4)$$

式中，X——试样中游离棉酚的含量，g/100 g；

m_1——测定用样液中游离棉酚的质量，μg；

m_2——试样质量，g。

计算结果保留三位有效数字。

(2)精密度。在重复性条件下获得的两次独立测定结果的绝对差值不得超过算术平均值的 10% 。

第五节　食品中磷的测定

一、原理和方法

　　磷是人体中含量较多的元素之一，占人体体重的 1% 左右。磷是构成骨骼和牙齿的重要成分，是构成生命物质和酶的组成成分，参与能量代谢，体液内的磷酸盐还负责调节酸碱平衡，因此检测食品中磷的含量有重要意义。

　　检测原理：试样中的磷酸盐与酸性钼酸铵作用，生成淡黄色的磷钼酸盐，此盐可经还原呈蓝色，一般称为钼蓝。蓝色的深浅，与磷酸盐含量成正比。

二、设备和材料

　　1. 设备

　　分光光度计。

　　2. 材料

　　(1) 稀盐酸 (1 : 1)。

　　(2) 钼酸铵溶液 (50 g/L)：称取 25 g 铝酸铵溶于 300 mL 水中，再加入 75%(体积分数)硫酸溶液 (75 mL 浓硫酸溶解于水中，再用水稀释至 100 mL) 使成 500 mL。

　　(3) 对氢醌 (对苯二酚) 溶液 (5 g/L)：称取 0.5 g 对氢锟 (对苯二酚)，溶解于 100 mL 水中，加 1 滴硫酸以使氧化作用减慢。

　　(4) 亚硫酸钠溶液 (200 g/L)：称取 20 g 亚硫酸钠溶解于 100 mL 蒸馏水中。此溶液应每次实验前临时配制，否则可能会使钼蓝溶液发生混浊。

　　(5) 磷酸盐标准溶液：精确称取 0.7165 g 磷酸二氢钾 (KH$_2$PO$_4$) 溶于水中，移入 1000 mL 容量瓶中，并用水稀释至刻度。每毫升此溶液相当于 500 μg 磷酸盐。吸取 10.0 mL 此溶液，置于 500 mL 容量瓶中，加水至刻度，每毫升此溶液相当于 10 μg 磷酸盐 (PO$_4^{3-}$)。

三、操作方法

　　1. 标准曲线绘制

　　分别吸取磷酸盐标准溶液 (每毫升相当于 10 μg 磷酸盐) 0.0 mL、0.2 mL、0.4 mL、0.6 mL、0.8 mL 和 1.0 mL，分别置于 25 mL 比色管中，再向每管中依次加入 2.0 mL

钼酸铵溶液，1 mL 200 g/L 亚硫酸钠溶液，1 mL 对氢锟(对苯二酚)溶液，加蒸馏水稀释至刻度，摇匀，静置 30 min 后，以零管溶液为空白，在分光光度计于 660 nm 波长处比色，测定各标准溶液的光密度，并绘制标准曲线。

2. 测定

(1)将瓷蒸发器在火上加热灼烧、冷却，准确称取均匀试样 2～5 g，在火上灼烧成炭分，再于 550℃下灼烧成灰分，直至灰分呈白色为止(必要时，可在加入浓硝酸湿润后再灰化，有促进试样灰化至白色的作用)，加 10 mL 稀盐酸(1：1)及 2 滴硝酸，在水浴上蒸干，再加 2mL 稀盐酸(1：1)，用水分数次将残渣完全洗涤并移入 100 mL 容量瓶中，并用水稀释至刻度，摇匀，过滤(如无沉淀则不需过滤)。

(2)取滤液 0.5 mL(视磷量多少而定)，置于 25 mL 比色管中，加入 2 mL 钼酸铵溶液，以下按 1 中自"1 mL 200 g/L 亚硫酸钠溶液，……"起依次操作。根据测得的光密度，从标准曲线上求得相应磷的含量。

四、结果分析

试样中磷含量按式(5-5)计算：

$$X = \frac{m_1}{m} \times 1000 \tag{5-5}$$

式中，X——试样中磷酸盐含量，mg/kg；

m_1——从标准曲线中查出的相当于磷酸盐(PO_4^{3-})的质量，mg/L；

m——测定时所吸取试样溶液相当于试样的质量，g。

计算结果保留两位有效数字。

在重复性条件下获得的两次独立测定结果的绝对差值不得超过算术平均值的 5% 。

第六节 蒸馏酒与配制酒中甲醇的测定

一、原理和方法

甲醇为无色、透明、易流动、易挥发的可燃液体，其物理性质与乙醇极为相近，此外甲醇还可与乙醇以任意比例互溶，具有与乙醇相似的气味，人在饮用时仅凭口感无法区分两者。甲醇具有较强的毒性，在体内氧化所生成的甲醛和甲酸不易排出体外，容易发生蓄积毒性。甲醇对人体的神经系统和血液系统影响最为严重，摄入 5～10 mL 甲醇就能导致失明，此外，其对肝、肾和肺也有一定的损害。甲醇由酿造原辅材料含有的果胶质中甲氧基的分解而产生，尤以谷糠、薯类和水果为原料酿造的酒中甲醇含量最高；此外，一些不法分子使用价格比食用酒精低的工业酒精配制的假冒伪劣产品，其甲醇含量更是远远高于安全限量要求，对消费者身体健康造成严重威胁。

新版标准中甲醇的限量指标及其单位以粮谷类的蒸馏酒或其配制酒中甲醇限量指标为≤0.6 g/L(以 100% 酒精体积分数计)，即 0.036 g/100 mL(以 60% 酒精体积分数计)，而旧版标准中以谷类为原料的蒸馏酒或配制酒中甲醇限量指标为≤0.04g/100 mL(以 60% 蒸馏酒计)，可以看出新版标准中对以粮谷类的蒸馏酒或其配制酒中的甲醇限量指标更为严格。

检测原理：甲醇经氧化生成甲醛后，与品红亚硫酸作用生成蓝紫色化合物，与标准系列比较定量。

二、设备和材料

1. 设备

分光光度计。

2. 材料

(1)高锰酸钾-磷酸溶液：称取 3 g 高锰酸钾，加入 15 mL 磷酸(85%)与 70 mL 水的混合液中，溶解后加水至 100 mL。储存于棕色瓶内，为防止氧化能力下降，保存时间不宜过长。

(2)草酸-硫酸溶液：称取 5 g 无水草酸($H_2C_2O_4$)或 7 g 含 2 分子结晶水的草酸($H_2C_2O_4 \cdot 2H_2O$)，溶于硫酸(1∶1)中至 100 mL。

(3)品红-亚硫酸溶液：称取 0.1 g 碱性品红研细后，分次加入共 60 mL 80℃的水，边加水边研磨使其溶解，用滴管吸取上层溶液滤于 100 mL 容量瓶中，冷却后加入 10 mL 亚硫酸钠溶液(100 g/L)和 1 mL 盐酸，再加水至刻度，充分混匀，放置过夜。如溶液有颜色，可加少量活性炭搅拌后过滤，储存于棕色瓶中，置暗处保存，溶液呈红色时应弃去重新配制。

(4)甲醇标准溶液：称取 1.000 g 甲醇，置于 100 mL 容量瓶中，加水稀释至刻度，每毫升此溶液相当于 10.0 mg 甲醇，置于低温处保存。

(5)甲醇标准使用液：吸取 10.0 mL 甲醇标准溶液，置于 100 mL 容量瓶中，加水稀释至刻度。再取 25.0 mL 稀释液置于 50 mL 容量瓶中，加水至刻度，每毫升该溶液相当于 0.50 mg 甲醇。

(6)无甲醇的乙醇溶液：取 0.3 mL 溶液按操作方法检查，不应显色。如显色需进行处理。取 300 mL 乙醇(95%)，加入少许高锰酸钾蒸馏，收集馏出液。在馏出液中加入硝酸银溶液(取 1 g 硝酸银溶于少量水中)和氢氧化钠溶液(取 1.5 g 氢氧化钠溶于少量水中)。摇匀,取上清液蒸馏,弃去最初 50 mL 馏出液,收集中间馏出液约 200 mL,用乙醇比重计测其浓度,然后加水配成无甲醇的乙醇(体积分数为 60%)。

(7)亚硫酸钠溶液(100 g/L)。

三、操作方法

根据试样中乙醇浓度适当取样(乙醇浓度:30%,取 1.0 mL;40%,取 0.80mL;50%,取 0.60 mL;60%,取 0.50 mL),置于 25 mL 具塞比色管中。

着色或混浊的蒸馏酒和配制酒按 GB/T 5009.48—2003 中 4.1.3 方法处理后再按上述取样体积取样。吸取 0.00 mL、0.10 mL、0.20 mL、0.40 mL、0.60 mL、0.80 mL、1.00 mL 甲醇标准使用液(相当于 0.00 mg、0.05 mg、0.10 mg、0.20 mg、0.30 mg、0.40 mg、0.50 mg 甲醇)分别置于 25 mL 具塞比色管中,并加入 0.5 mL 无甲醇的乙醇(体积分数为 60%)。于试样管及标准管中各加入 5 mL 水,再依次各加入 2 mL 高锰酸钾-磷酸溶液,混匀,放置 10 min,各加 2 mL 草酸-硫酸溶液,混匀使之褪色,再各加 5mL 品红亚硫酸溶液,混匀,于 20℃以上静置 0.5 h。用 2 cm 比色杯,以零管调节零点,于 590 nm 波长处测吸光度,绘制标准曲线比较,或与标准系列目测比较。

四、结果分析

(1)试样中甲醇的含量按式(5-6)进行计算:

$$X = \frac{m}{V \times 1000} \times 100 \tag{5-6}$$

式中,X——试样中甲醇的含量,g/100 mL;

m——测定试样中甲醇的质量,mg;

V——试样体积,mL。

计算结果保留两位有效数字。

(2)精密度。在重复性条件下获得的两次独立测定结果的绝对差值,当含量≥0.1 g/100 mL,不得超过算术平均值的 15%,当含量<0.10 g/100 mL,不得超过算术平均值的 20%。

第七节　蒸馏酒与配制酒中乙醇的测定

一、原理和方法

酒是含乙醇饮料的统称,乙醇是酒的主要成分,是衡量酒质量的重要指标之一。根据生产工艺不同分为蒸馏酒、发酵酒及配制酒，其乙醇含量在 0.5%～65%（体积分数）。适量饮酒不仅能为机体提供热量，促进血液循环，消除疲劳，还可以祛湿驱寒，有利于健康。但过度饮酒会引起酒精中毒。我国是世界上最早发明酿酒的国家，也是酒类产品消费大国，消费量居世界之首。因此，快速、准确地测定酒中乙醇含量，对于确保酒的质量和保护消费者的健康具有重大意义。

二、设备和材料

1. 设备

乙醇比重计。

2. 材料

水：（三级水）；玻璃珠数粒。

三、操作方法

吸取 100 mL 试样置于 250 mL 或 500 mL 全玻璃蒸馏器中，加 50 mL 水，再加入玻璃珠数粒，蒸馏，用 100 mL 容量瓶收集馏出液 100 mL。

将蒸馏后的试样倒入量筒中，将洗净擦干的乙醇比重计缓缓沉入量筒中，静止后再轻轻按下少许，待其上升静止后，从水平位置观察其与液面相交处的刻度，即为乙醇浓度，同时测定温度，按测定的温度与浓度，查 GB/T 5009.48—2003 表1，换算成温度为 20℃时的乙醇浓度(%，体积分数)。

第八节　蒸馏酒及配制酒中杂醇油的测定

一、原理和方法

杂醇油是碳原子数大于 2 的脂肪醇混合物，是具有三个以上碳链的一价醇类，是谷类作物经发酵制取乙醇及啤酒的主要副产物，包括正丙醇、异丁醇、异戊醇、活性戊醇、苯乙醇等。高级醇形成了啤酒的香气和风味。啤酒中高级醇含量过高时将会影响啤酒的风味和口感，饮后会"上头"而严重影响啤酒的质量。例如，啤酒中总高级醇含量，普通啤酒为 100～150 mg/L，优质啤酒为 90～110 mg/L。

事实上，无论是酿造酒如啤酒、黄酒等，还是蒸馏酒如白酒等，都存在一些微量的杂醇油，由糖类和氨基酸等分解产生。杂醇油是白酒的芳香成分之一，它的含量多少，以及其与各种醇之间的组成比例，对白酒的风味很重要。

如果白酒中的杂醇油含量过高，对人体有毒害作用，它对人体的中毒和麻醉作用比乙醇强,能使神经系统充血,使人感觉头疼。杂醇油还是白酒苦味和涩味的主要来源之一。因此,用分光光度法检测蒸馏酒中的杂醇油至关重要。

测定原理:杂醇油成分复杂,其中有正乙醇,正、异戊醇,正、异丁醇,丙醇等。本法测定标准以异戊醇和异丁醇表示,异戊醇和异丁醇在硫酸作用下生成戊烯和丁烯,再与对二甲胺基苯甲醛作用显橙黄色,与标准系列比较定量。

二、设备和材料

1. 设备

分光光度计。

2. 材料

(1)对二甲胺基苯甲醛-硫酸溶液(5 g/L):取 0.5 g 对二甲胺基苯甲醛,加硫酸溶解至 100 mL。

(2)无甲醇的乙醇溶液:取 0.3 mL 按操作方法检查,不应显色。如显色需进行处理。取 300 mL 乙醇(95%),加入少许高锰酸钾,蒸馏,收集馏出液。在馏出液中加入硝酸银溶液(取 1 g 硝酸银溶于少量水中)和氢氧化钠溶液(取 1.5g 氢氧化钠溶于少量水中),摇匀,取上清液蒸馏,弃去最初 50 mL 馏出液,收集中间馏出液约 200 mL,用乙醇比重计测其浓度,然后加水配成无甲醇的乙醇(体积分数为60%)。

(3)无杂醇油的乙醇:取 0.1 mL 按分析步骤检查不显色,如显色需进行处理。取(2)中间馏出液,加入 0.25 g 盐酸间苯二胺,加热回流 2 h,用分馏柱控制沸点进行蒸馏,收集中间馏出液 100 mL。再取 0.1 mL 按分析步骤测定不显色即可。

(4)杂醇油标准溶液:准确称取 0.080 g 异戊醇和 0.020 g 异丁醇置于 100 mL容量瓶中,加入 50mL 无杂醇油的乙醇,再加水稀释至刻度。每毫升此溶液相当于 1 mg 杂醇油,至低温保存。

(5)杂醇油标准使用液:吸取杂醇油标准溶液 5.0 mL 置于 50 mL 容量瓶中,加水稀释至刻度。每毫升此溶液相当于 0.10 mg 杂醇油。

三、操作方法

吸取 1.0 mL 试样于 10 mL 容量瓶中,加水至刻度,混匀后,吸取 0.30 mL 溶液,置于 10 mL 比色管中。含糖着色、沉淀、混浊的蒸馏酒和配制酒应按 GB/T 5009.48—2003 中 4.1.3 项操作,取其蒸馏液作为试样。

吸取 0.00 mL、0.10 mL、0.20 mL、0.30 mL、0.40 mL、0.50 mL 杂醇油标准使用液(相当于 0.000 mg、0.010 mg、0.020 mg、0.030 mg、0.040 mg、0.050 mg

杂醇油),置于 10 mL 比色管中。

向试样管及标准管中各准确加水至 1 mL,摇匀,放入冷水中冷却,沿管壁加入 2 mL 对二甲胺基苯甲醛-硫酸溶液(5 g/L)。使其沉至管底,再将各管同时摇匀,放入沸水浴中加热 15 min 后取出,立即放入冰浴中冷却,并立即各加 2 mL 水。混匀,冷却。10 min 后用 1 cm 比色杯以零管调节零点,于 520 nm 波长处测吸光度,绘制标准曲线,或与标准色列目测比较定量。

四、结果分析

(1)试样中杂醇油的含量按式(5-7)计算:

$$X = \frac{m}{V_2 \times V_1 / 10 \times 1000} \times 100 \tag{5-7}$$

式中,X——试样中杂醇油的含量,g/100 mL;

　　m——测定试样稀释液中杂醇油的质量,mg;

　　V_2——试样体积,mL;

　　V_1——测定用试样稀释体积,mL。

计算结果保留两位有效数字。

(2)精密度。在重复性条件下获得的两次独立测定结果的绝对差值不得超过算术平均值的 10%。

第九节 蒸馏酒及配制酒中氰化物的测定

一、原理和方法

氰化物特指带有氰基(CN)的化合物,其中的碳原子和氮原子通过叁键相连接。叁键给予氰基以相当高的稳定性,使之在通常的化学反应中都以一个整体存在。因该基团具有和卤素类似的化学性质,常被称为拟卤素。

食品安全是国家和公众普遍关注的问题。氰化物是严重危害食品安全的剧毒化合物,因此氰化物是酒类的一项重要安全检测指标。我国在相应国标(GB 2757—1981)中规定了氰化物在白酒中的限量。由于酒中的氰化物主要来自原料,以木薯、野生植物酿制的酒,氰化物含量较高,而一般以谷物为原料酿制的酒,氰化物含量极微,所以国标中要求以木薯为原料的酒中氰化物含量不得超过 5 mg/L(以 HCN 计),而以代用品为原料的,不得超过 2 mg/L。我国是酒类产品的消费大国,白酒消费量居世界之首,因此准确、便捷地测定和严格控制酒中氰化物的含量,对于保证广大消费者的健康具有重大意义。目前,国内检测酒中氰化物含量的方法主要有化学分析法、光谱法、色谱法、电化学方法和其他方法。本书采用分光光度法对酒中的氰化物进行测定。

检测原理:蒸馏酒及其配制酒在碱性条件下加热除去高沸点有机物,然后在pH=7.0 条件下,用氯胺 T 将氰化物转变为氯化氰,再与异烟酸-吡唑啉酮作用,生成蓝色染料,与标准系列比较定量。

二、设备和材料

1. 设备

可见分光光度计;分析天平:感量为 0.001 g;具塞比色管:10 mL;恒温水浴锅:(37±1)℃;电加热板:(120±1)℃;500 mL 水蒸气蒸馏装置。

2. 材料

甲基橙($C_{14}H_{14}O_3N_3SNa$):指示剂;酚酞($C_{20}H_{14}O_4$):指示剂;酒石酸($C_4H_6O_6$);氢氧化钠(NaOH);磷酸二氢钾(KH_2PO_4);磷酸氢二钠(Na_2HPO_4);乙酸($C_2H_4O_2$);异烟酸($C_6H_5O_2N$);吡唑啉酮($C_{10}H_{10}N_2O$);氯胺 T($C_7H_7SO_2NClNa·3H_2O$):保存于干燥器中;无水乙醇(C_2H_6O);乙酸锌($C_4H_6O_4Zn$)。

3. 溶液配制

(1)甲基橙指示剂(0.5 g/L):称取 50 mg 甲基橙,溶于水中,并稀释至 100 mL。

(2)氢氧化钠溶液(20 g/L):称取 2 g 氢氧化钠,溶于水中,并稀释至 100 mL。

(3)氢氧化钠溶液(10 g/L):称取 1 g 氢氧化钠,溶于水中,并稀释至 100 mL。

(4)乙酸锌溶液(100 g/L):称取 10 g 乙酸锌,溶于水中,并稀释至 100 mL。

(5)氢氧化钠溶液(2g/L):量取 10mL20g/L 氢氧化钠溶液,用水稀释至100mL。

(6)氢氧化钠溶液(1g/L):量取 5 mL20g/L 氢氧化钠溶液,用水稀释至 100 mL。

(7)乙酸溶液(1+24):将乙酸和水按 1:24 的体积比混匀。

(8)酚酞-乙醇指示液(10 g/L):称取 1 g 酚酞试剂,用无水乙醇溶解,并定容至 100 mL。

(9)磷酸盐缓冲溶液[(0.5 mol/L) pH 7.0]:称取 34.0 g 无水磷酸二氢钾和35.5 g无水磷酸氢二钠,溶于水并稀释至 1000 mL。

(10)异烟酸-吡唑啉酮溶液:称取 1.5 g 异烟酸溶于 24 mL20g/L 氢氧化钠溶液中,加水至 100 mL,另称取 0.25 g 吡唑啉酮,溶于 20 mL 无水乙醇中,合并上述两种溶液,摇匀。临用时配制。

(11)氯胺 T 溶液(10 g/L):称取 1 g 氯胺 T 溶于水中,并稀释至 100 mL。临用时配制。

（12）水中氰成分分析标准物质（50μg/mL）：标准物质编号为 GBW（E）080115。

（13）氰离子标准中间液（1μg/mL）：取 2mL 水中氰成分分析标准物质（50μg/mL），用 2g/L 氢氧化钠溶液定容至 100 mL。

三、操作方法

（1）吸取 1.0 mL 试样置于 10 mL 具塞比色管中，加氢氧化钠溶液（2 g/L）至 5mL，放置 10 min。

（2）若酒样混浊或有色，取 25 mL 试样于 250 mL 全玻璃蒸馏中，加 5 mL 氢氧化钠溶液（2 g/L），碱解 10 min，加饱和酒石酸溶液使呈酸性，进行水蒸气蒸馏，以 10 mL 氢氧化钠溶液（2 g/L）吸收，收集至 50 mL，取 2 mL 馏出液置于 10 mL 具塞比色管中，加氢氧化钠溶液（2 g/L）至 5 mL。

（3）分别吸取 0 mL、0.5 mL、1.0 mL、1.5 mL、2.0 mL 氰化物标准使用液（相当 0μg、0.5μg、1.0μg、1.5μg、2.0 μg 氢氰酸）置于 10 mL 具塞比色管中，加氢氧化钠溶液（2 g/L）至 5 mL。

（4）于试样及标准管中分别加入 2 滴酚酞指示剂，然后加入乙酸（1∶6）调至红色褪去，后用氢氧化钠溶液（2 g/L）调至近红色，然后加 2mL 磷酸盐缓冲溶液（如果室温低于 20℃即放入 25～30℃水浴中 10 min），再加入 0.2 mL 氯胺 T 溶液（10 g/L），摇匀，放置 3 min，加入 2 mL 异烟酸-吡唑啉酮溶液，加水稀释至刻度，摇匀，在 25～30℃放置 30 min，取出，用 1 cm 比色杯以零管调节零点，于 638 nm 波长处测吸光度，绘制标准曲线比较。

四、结果分析

（1）按式（5-8）计算如下：

$$X = \frac{m \times 1000}{V \times 1000} \tag{5-8}$$

式中，X——试样中氰化物的含量（按氢氰酸计），mg/L；

m——测定用试样中氢氰酸的质量，μg；

V——试样体积，mL。

（2）按式（5-9）计算如下：

$$X = \frac{m \times 1000}{V \times 2 / 50 \times 1000} \tag{5-9}$$

式中，X——试样中氰化物的含量（按氢氰酸计），mg/L；

m——测定用试样馏出液中氢氰酸质量，μg；

V——试样体积，mL。

计算结果保留两位有效数字。

(3)精密度。在重复性条件下获得的两次独立测定结果的绝对差值不得超过算术平均值的10%。

第十节　动植物油脂折光指数的测定

一、原理和方法

折光指数也称为折射率或折光率。定义为光在真空中的传播速度与在某介质中传播速度之比，也称为绝对折光指数。

检测意义：检测折光指数并非是为了检测食品中哪种物质，折光指数是物质的属性，检测折光指数是为了通过属性来判断物质，更是为了确保我国食用油的产品质量，规范食用油产品市场，促进与国际标准接轨。

因为在波长和温度一定的情况下，油脂的折光指数取决于油脂的本性，即每一种油由于其组成和结构不同，故都有特征的折光率。所以测定油脂折光指数可以鉴别油脂种类及纯度，判断碘值大小；还可以通过测定油脂折光指数测出油料含油率；在制油生产中，折光指数的检验主要用于快速检验油料含油率和饼粕的残油率；也有用于检验饼粕中残留溶剂含量、废水中溶剂含量和皂角内中性油含量等，所以油脂折光指数是油脂质量的一项重要指标。

二、设备和材料

1. 设备

实验室常用仪器，尤其是下列仪器。

(1)折光仪：折光指数测定范围为n_D=1.300～1.700，折光指数可读至±0.0001，如 Abbe 型。

(2)光源：钠蒸气灯。如果折光仪装有消色差补偿系统，也可使用白光。

标准玻璃板：已知折光指数。

(3)水浴：带循环泵和恒温控制装置，控制精度为±0.1℃。

(4)水浴：试样为固体时，能保持测定所需的温度。

2. 材料

仅适用分析纯试剂，使用蒸馏水、去离子水或相同纯度的水。

(1)十二烷酸乙酯：纯度适合于测定折光指数，已知折光率。

(2)乙烷或其他适合溶剂，如石油醚、丙酮或甲苯，用于清洗折射仪棱镜。

三、操作方法

1. 仪器校正

按仪器操作说明书的操作步骤，通过测试标准玻璃板的折光指数或测定十二烷酸乙酯的折光指数，对折射仪进行校正。

2. 测定

在下列一种温度下测定试样的折光指数：

(1)20℃，适用于该温度下完全呈液态的油脂。

(2)40℃，适用于20℃下不能完全融化，40℃下能完全融化的油脂。

(3)50℃，适用于40℃下不能完全融化，50℃下能完全融化的油脂。

(4)60℃，适用于50℃下不能完全融化，60℃下能完全融化的油脂。

(5)80℃，适用于80℃以上，用于其他油脂，如完全硬化的脂肪或蜡。

让水浴中的热水循环通过折光仪，使折光仪棱镜保持在测定要求的恒定温度。

用精密温度计测量折光仪流出水的温度，测试前，将棱镜可移动部分下降至水平位置，先用软布，再用溶剂润湿的棉花球擦净棱镜表面，让其自然干燥。

依照折光仪操作说明书的操作步骤进行测定，读取折光指数，精确至0.0001，并记下折光仪棱镜的温度。

测定结束后，立即用软布擦拭，再用溶剂(2)润湿的棉花球擦净棱镜表面，让其自然干燥。

测定折光指数两次以上，计算三次测定结果的算术平均值，作为测定结果。

四、结果分析

如果测定温度 t_1 与参照温度 t 之间差异小于3℃，则按式(5-10)计算在参照温度 t 下的折光指数 n_D^t。

$$n_D^t = n_D^t + (t_1 - t)F \tag{5-10}$$

式中，t_1——测定温度，℃；

　　t——参照温度，℃；

　　F——校正系数；当 $t=20$℃时，F 为0.00035；当 $t=40$℃、$t=50$℃和 $t=60$℃时，F 为0.00036；当 $t \geq 80$℃，F 为0.00037。

如果测定温度 t_1 与参照温度 t 之间的差异大于或等于3℃时，需重新进行测定。测定结果取至小数点后第4位。

参 考 文 献

崔爽. 2008. 紫外分光光度法在药物分析教学中的运用. 牡丹江大学学报, 05: 102-107.

龚汉林. 1985. 油脂折光指数的测定. 粮油仓储科技通讯, 05: 50-56.

熊道陵, 李金辉, 钟洪鸣, 等. 2008. 杂醇油提纯分离技术及应用. 酿酒科技, (4): 65-68.

杨静. 2012. 左旋肉碱的生理功能及在功能性食品中的应用. 农业工程, 01: 54-59.

游红杨, 周如梅. 2006. 紫外分光光度法在中草药中的应用及发展. 企业技术开发, 08: 40-41.

虞精明, 谢勤美, 杨凤华. 2008. 酒中乙醇含量检测方法. 中国卫生检验杂志, 18(9): 1930-1932.

GB 5009.5—2016 食品安全国家标准 食品中蛋白质的测定, 2016.

GB/T 5009.37—2003/4.2 食用植物油卫生标准的分析方法, 2003.

GB/T 5009.37—2003/4.3 食品安全国家标准 食用植物油卫生标准的分析方法, 2003.

GB/T 5009.37—2003/4.4 食用植物油卫生标准的分析方法, 2003.

GB/T 5009.48—2003 蒸馏酒及配制酒卫生标准的分析方法.

GB/T 5009.87—2016 食品安全国家标准 食品中磷的测定, 2016.

GB/T 5524—2008 动植物油脂 扦样, 2008.

GB/T 5527—2010 动植物油脂 折光指数的测定 (ISO 6320:2000, IDT), 2010.

第六章　气相色谱与气相色谱-质谱联用法

一、方法原理

气相色谱系统由盛在管柱内的吸附剂或惰性固体上涂着液体的固定相和不断通过管柱的气体的流动相组成。将欲分离、分析的样品从管柱一端加入后，由于固定相对样品中各组分吸附或溶解的能力不同，即各组分在固定相和流动相之间的分配系数有差别，当组分在两相中反复多次进行分配并随移动相向前移动时，各组分沿管柱运动的速度就不同，分配系数小的组分被固定相滞留的时间短，能较快地从色谱柱末端流出。以各组分从柱末端流出的浓度 c 对进样后的时间 t 作图，得到的图称为色谱图。色谱图色谱峰不是矩形，而是一条近似高斯分布的曲线，这是由于组分在色谱柱中移动时，存在着涡流扩散、纵向扩散和传质阻力等因素，因而造成区域扩张。在色谱柱内固定相有两种存放方式，一种是柱内盛放颗粒状吸附剂，或盛放涂敷有固定液的惰性固体颗粒(载体或称担体)；另一种是把固定液涂敷或化学交联于毛细管柱的内壁。用前一种方法制备的色谱柱称为填充色谱柱，用后一种方法制备的色谱柱称为毛细管色谱柱(或称开管柱)。

通常借用蒸馏法的塔板概念来表示色谱柱的效能，如使用"相当于一个理论塔板的"高度"H 或"塔板数"n 来表示柱效。所以色谱柱的塔板数 $n=L/H$，式中，L 为色谱柱长；n 的数值可用给定的物质经实验所得到的色谱图计算得到。

两组分的分配系数必须有差异，其色谱峰才能被分开。有了差异，分离时所需的柱效 n 也就不相同，所以要判别两色谱峰分离的情况，气相色谱法需要采用色谱柱总分离效能指标 R，见式(6-1)。

$$R = \frac{t_{R(2)} - t_{R(1)}}{[\omega_{1/2(1)} + \omega_{1/2(2)}]/2} \tag{6-1}$$

质谱法(mass spectrometry，MS)即用电场和磁场将运动的离子(带电荷的原子、分子或分子碎片，有分子离子、同位素离子、碎片离子、重排离子、多电荷离子、亚稳离子、负离子和离子-分子相互作用产生的离子)按其质荷比分离后进行检测的方法。测出离子准确质量即可确定离子的化合物组成。由于核素的准确质量是一个多位小数，因此绝不会有两个核素的质量是一样的，而且绝不会有一种核素的质量恰好是另一核素质量的整数倍。分析这些离子可获得化合物的分子量、化学结构、裂解规律和由单分子分解形成的某些离子间存在的某种相互关系等信息。

二、研究进展

气相色谱法的发展与两个方面的发展是密不可分的，一是气相色谱分离技术的发展，二是其他学科和技术的发展。

1952 年 James 和 Martin 提出气相色谱法，同时也发明了第一个气相色谱检测器。这是一个接在填充柱出口的滴定装置，用来检测脂肪酸的分离，用滴定溶液体积对时间作图，得到积分色谱图。之后，他们又发明了气体密度天平。1954 年 Ray 提出热导计，开创了现代气相色谱检测器的时代。此后至 1957 年，则进入填充柱、热导检测器(TCD)的年代。

1958 年 Gloay 首次提出毛细管，同年，Mcwillian 和 Harley 同时发明了氢火焰离子化检测器(FID)，Lovelock 发明了氩电离检测器(AID)，使检测方法的灵敏度提高了 2～3 个数量级。

20 世纪六七十年代，由于气相色谱技术的发展，柱效大为提高。随着环境科学等学科的发展，提出了痕量分析的要求，又陆续出现了一些高灵敏度、高选择性的检测器。例如，1960 年 Lovelock 提出电子俘获检测器(ECD)；1966 年 Brody 等发明了 FPD；1974 年 Kolb 和 Bischoff 提出了电加热的氮磷检测器(NPD)；1976 年美国 HNU 公司推出了实用的窗式光电离检测器(PID)等。同时，由于电子技术的发展，原有的检测器在结构和电路上又作了重大的改进，如 TCD 出现了恒电流、恒热丝温度及恒热丝温度检测电路；ECD 出现恒频率变电流、恒电流脉冲调制检测电路等，从而使性能又有所提高。

20 世纪 80 年代，由于弹性石英毛细管柱的快速广泛应用，对检测器提出了体积小、响应快、灵敏度高、选择性好的要求，特别是计算机和软件的发展，使 TCD、FID、ECD 和 NPD 的灵敏度和稳定性均有很大提高，TCD 和 ECD 的检测池体积大大缩小。

进入 20 世纪 90 年代，电子技术、计算机和软件的飞速发展使 MSD 生产成本和复杂性下降，稳定性和耐用性增加，从而成为最通用的气相色谱检测器之一。期间出现了非放射性的脉冲放电电子捕获检测器(PDECD)、脉冲放电氦电离检测器(PDHID)和脉冲放电光电离检测器(PDECD)及集此三者为一体的脉冲放电检测器(PDD)。四年后，美国 Varian 公司推出了商品仪器，它比通常的 FPD 灵敏度高 100 倍。另外，快速 GC 和全二维 GC 等快速分离技术的迅猛发展，也促使快速 GC 检测方法逐渐成熟。

1898 年，W.维恩用电场和磁场使正离子束发生偏转时发现，电荷相同时，质量小的离子偏转得多，质量大的离子偏转得少。1913 年，J.J.汤姆孙和 F.W.阿斯顿用磁偏转仪证实氖有两种同位素。阿斯顿于 1919 年制成一台能分辨百分之一质量单位的质谱计，用来测定同位素的相对丰度，鉴定了许多同位素。但到 1940 年以前，质谱计还只用于气体分析和测定化学元素的稳定同位素。后来质谱法用来对石油馏分中的复杂烃类混合物进行分析，并证实了复杂分子能产生确定的能够重复的质谱之后，才将质谱法用于测定有机化合物的结构，开拓了有机质谱的新领域。

气相色谱-质谱联用(GC-MS)仪广泛应用于环保行业、电子行业、纺织品行业、石油化工、香精香料行业、医药行业、农业及食品安全等领域。环境中有机污染物分析(空气、水质、土壤中污染分析)，农残、兽残、药残分析，香精香料香气成分分析，纺织品行业中的有害物质检测。GC-MS 分析的样品应是有机溶液，水溶液中的有机物一般不能测定，须进行萃取分离变为有机溶液，或采用顶空进样技术。

第一节　婴幼儿食品和乳品中碘的测定

一、原理和方法

碘对动植物的生命是极其重要的。海水里的碘化物和碘酸盐进入大多数海洋生物的新陈代谢中。在高级哺乳动物中，碘以碘化氨基酸的形式集中在甲状腺内，缺乏碘会引起甲状腺肿大。约 2/3 的碘及其化合物用来制备防腐剂、消毒剂和药物，如碘酊和碘仿(CHI_3)。碘酸钠作为食品添加剂补充碘的摄入量不足。放射性同位素碘-131 用于放射性治疗和放射性示踪技术。

碘及其相关化合物主要用于医药、照相及染料。它还可作为示踪剂进行系统的监测，如用于地热系统监测。碘化银(AgI)除用作照相底片的感光剂外，还可用作人工降雨时造云的晶种。I_2 和 KI 的乙醇溶液即为碘酒，是常用的消毒剂；碘仿用作防腐剂。

碘的用途包括标定硫代硫酸钠标准溶液，测定油脂的碘值，指示镁及乙酸盐的显色反应，制造碘烷及碘化物等，淀粉的比色测定，测定血清中非蛋白氮、淀粉酶，制备甲苯胺蓝碘溶液，作为催化剂、消毒剂使用。

含碘制剂如碘酊、复方碘溶液、碘喉片、碘甘油等为医疗中应用较广的药物，碘酊是家庭中常备的消毒药品。

碘与人类的健康息息相关。成年人体内含有 20～50 mg 的碘，碘是维持人体甲状腺正常功能所必需的元素。当人体缺碘时就会患甲状腺肿大，因此碘化物可以防止和治疗甲状腺肿大。多食海带、海鱼等含碘丰富的食品，对于防治甲状肿大也很有效。碘的放射性同位素 ^{131}I 可用于甲状腺肿瘤的早期诊断和治疗。

碘是人体的必需微量元素之一，有"智力元素"之称。健康成人体内的碘的总量约为 30 mg(20～50 mg)，其中 70%～80%存在于甲状腺。

碘还具有下列功能：

(1)促进生物氧化。甲状腺素能促进三羧酸循环中的生物氧化，协调生物氧化和磷酸化的偶联，调节能量转换。

(2)调节蛋白质合成和分解。当蛋白质摄入不足时，甲状腺素有促进蛋白质合成的作用；当蛋白质摄入充足时，甲状腺素可促进蛋白质分解。

(3)促进糖和脂肪代谢。甲状腺素能加速糖的吸收利用，促进糖原和脂肪分解氧化，调节血清胆固醇和磷脂浓度等。

(4)调节水盐代谢。甲状腺素可促进组织中水盐进入血液并从肾脏排出，缺乏时可引起组织内水盐滞留，在组织间隙出现含有大量黏蛋白的组织液，发生黏液性水肿。

(5)促进维生素的吸收利用。甲状腺素可促进烟酸的吸收利用、胡萝卜素转化为维生素 A 过程及核黄素合成核黄素腺嘌呤二核苷酸等。

(6)增强酶的活力。甲状腺素能活化体内 100 多种酶，如细胞色素酶系、琥珀酸氧化酶系、碱性磷酸酶等，在物质代谢中起作用。

(7)促进生长发育。甲状腺素促进骨骼的发育和蛋白质合成，维护中枢神经系统的正常结构。

值得注意的是，人体摄入过多的碘也是有害的，饮食碘过量会引起"甲亢"。是否需要在正常膳食之外特意"补碘"，要经过正规体检，听取医生的建议，切不可盲目"补碘"。

二、设备和材料

1. 设备

(1)天平：感量为 0.1 mg。

(2)气相色谱仪，带电子捕获检测器。

2. 材料

高峰氏(Taka-Diastase)淀粉酶：酶活力≥1.5 U/mg；碘化钾(KI)或碘酸钾(KIO₃)：优级纯；丁酮(C_4H_8O)：色谱纯；硫酸(H_2SO_4)：优级纯；正己烷(C_6H_{14})；无水硫酸钠(Na_2SO_4)。除非另有规定，本方法所用试剂均为分析纯，水为 GB/T 6682 规定的一级水。

1)试剂配制

(1)双氧水(3.5%)：吸取 11.7 mL 体积分数为 30%的双氧水稀释至 100 mL。

(2)亚铁氰化钾溶液(109 g/L)：称取 109 g 亚铁氰化钾，用水定容于 1000mL 容量瓶中。

(3)乙酸锌溶液(219 g/L)：称取 219 g 乙酸锌，用水定容于 1000 mL 容量瓶中。

2)碘标准溶液

(1)碘标准储备液(1.0 mg/mL)：称取 131 mg 碘化钾(精确至 0.1 mg)或 168.5 mg 碘酸钾(精确至 0.1 mg)，用水溶解并定容至 100 mL，(5±1)℃冷藏保存，一个星期内有效。

(2)碘标准工作液(1.0 μL/mL)：吸取 10 mL 碘标准储备液，用水定容至 100 mL 混匀，再吸取 1.0 mL，用水定容至 100 mL 混匀，临用前配制。

三、操作方法

(一)试样处理

1. 不含淀粉的试样

称取混合均匀的固体试样 5 g，液体试样 20 g(精确至 0.0001 g)于 150 mL 三角瓶中，固体试样用 25 mL 约 40℃的热水溶解。

2. 含淀粉的试样

称取混合均匀的固体试样 5 g，液体试样 20 g(精确至 0.0001 g)，于 150 mL 三角瓶中，加入 0.2 g 高峰氏淀粉酶，固体试样用 25 mL 约 40℃的热水充分溶解，置于 50～60℃恒温箱中酶解 30 min，取出冷却。

(二)试样测定液的制备

(1)沉淀：将上述处理过的试样溶液转入 100 mL 容量瓶中，加入 5 mL 亚铁氰化钾溶液和 5 mL 乙酸锌溶液后，用水定容至刻度，充分振摇后静置 10 min。滤纸过滤后吸取滤液 10 mL 于 100 mL 分液漏斗中，加 10 mL 水。

(2)衍生与提取：向分液漏斗中加入 0.7 mL 硫酸、0.5 mL 丁酮、2.0 mL 双氧水，充分混匀，室温下保持 20 min 后加入 20 mL 正己烷振荡萃取 2 min。静置分层后，将水相移入另一分液漏斗中，进行第二次萃取。合并有机相，用水洗涤两三次。通过无水硫酸钠过滤脱水后，移入 50 mL 容量瓶中用正己烷定容 此为试样测定液。

(三)碘标准测定液的制备

分别吸取 1.0 mL、2.0 mL、4.0 mL、8.0 mL、12.0 mL 碘标准工作液，相当于 1.0 μg、2.0 μg、4.0 μg、8.0 μg、12.0 μg 的碘。

（四）测定

（1）参考色谱条件。

色谱柱：填料为 5%氰丙基-甲基聚硅氧烷的毛细管柱（柱长 30 m，内径 0.25mm，膜厚 0.25 μm）或具同等性能的色谱柱。

进样口温度：260℃。

ECD 检测器温度：300℃。

分流比：1:1。

进样量：1.0 μL。

程序升温见表 6-1。

表 6-1　程序升温

升温速率/(℃/min)	温度/℃	持续时间/min
—	50	9
30	220	3

（2）标准曲线的制作。

（3）将碘标准测定液分别注入气相色谱仪中（图 6-1），得到标准测定液的峰面积（或峰高）。以标准测定液的峰面积（或峰高）为纵坐标，以碘标准工作液中碘的质量为横坐标，制作标准曲线。

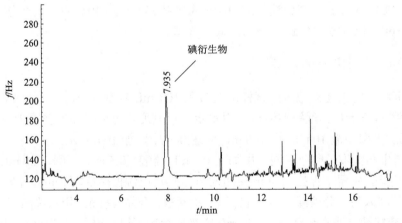

图 6-1　碘标准衍生物气相色谱图

（4）试样溶液的测定。

将试样测定液注入气相色谱仪中得到峰面积（或峰高），从标准曲线中获得试样中碘的含量(μg)。

四、结果分析

(1)试样中碘含量按式(6-2)计算：

$$X = \frac{C_s}{m} \times 100 \tag{6-2}$$

式中，X——试样中碘含量，$\mu g/100\ g$；

C_s——从标准曲线中获得试样中碘的含量，μg；

m——试样的质量，g。

以重复性条件下获得的两次独立测定结果的算术平均值表示，结果保留至小数点后一位。

(2)精密度。在重复条件下获得的两次独立测定结果的绝对差值不得超过算术平均值的10%。

(3)其他。本标准检出限为2.0 $\mu g/100\ g$。

第二节　有机氯农药多组分残留量的测定

一、原理和方法

有机氯农药为脂溶性物质，故对富含脂肪的组织具有特殊亲和力，且可蓄积于脂肪组织中。其毒性机理一般认为是进入血液循环中有机氯分子(氯代烃)与基质中氧活性原子作用而发生去氯的链式反应，产生不稳定的含氧化合物，后者缓慢分解，形成新的活化中心，强烈作用于周围组织，引起严重的病理变化。主要表现在侵犯神经和实质性器官。

造成有机氯农药中毒的原因有三种：第一种是使用人在农药生产、运输、储存和使用过程中造成误服或污染了内衣和皮肤而中毒；第二种是自杀行为，故意口服而中毒；第三种是人们在进食时往往同时吃下食物中宿存的有机氯污染物。由于有机氯农药非常难降解，10年之后，在土壤中仍有残留，且容易溶解在脂肪中，因此，鱼、肉、奶中积存有机氯量最大。

有机氯农药的使用，还会使有机氯积存于农作物中。我国目前禁止生产、使用"六六六"(HCH)、"滴滴涕"(DDT)等有机氯农药的主要原因就是第三种情况。有机氯农药的禁用，改变了人们使用农药的观念，引发了我国乃至世界范围内农药生产与使用的一场革命。

本方法适用于肉类、蛋类、乳类动物性食品和植物(含油脂)中 α-HCH、六氯苯、β-HCH、γ-HCH、五氯硝基苯、α-HCH、五氯苯胺、七氯、五氯苯基硫醚、艾氏剂、氧氯丹、环氧七氯、反式氯丹、α-硫丹、顺式氯丹、p, p'-(DDE)、狄氏剂、异狄氏剂、β-硫丹、p, p'-DDD、o, p'-DDT、异狄氏剂醛、硫丹硫酸盐、p, p'-DDT、异狄氏剂酮、灭蚁灵的分析。本方法测定的检出限随试样基质的不同而不同，参见碘标准衍生物气相色谱图。

　　试样中有机氯农药组分经有机溶剂提取、凝胶色谱层析净化，用毛细管柱气相色谱分离，电子捕获检测器检测，以保留时间定性，外标法定量。

二、设备和材料

1. 设备

(1) 气相色谱仪(GC)：配有电子捕获检测器(ECD)。

(2) 凝胶净化柱：长 30 cm，内径 2.3～2.5 cm 具活塞玻璃层析柱，柱底垫少许玻璃棉。用洗脱剂乙酸乙酯-环己烷(1∶1)浸泡的凝胶，以湿法装入柱中，柱床高约 26 cm，凝胶始终保持在洗脱剂中。

(3) 全自动凝胶色谱系统：带有固定波长(254 nm)紫外检测器，供选择使用。

(4) 旋转蒸发仪。

(5) 组织匀浆器。

(6) 振荡器。

(7) 氮气浓缩器。

2. 材料

丙酮(CH_3COCH_3)：分析纯，重蒸；石油醚：沸程 30～60℃，分析纯，重蒸；乙酸乙酯($CH_3COOC_2H_5$)：分析纯，重蒸；环己烷(C_6H_{12})：分析纯，重蒸；正己烷(n-C_6H_{14})：分析纯，重蒸；氯化钠(NaCl)：分析纯；无水硫酸钠(Na_2SO_4)：分析纯，将无水硫酸钠置于干燥箱中，于 120℃干燥 4 h，冷却后，密闭保存；聚苯乙烯凝胶(Bio-Beads S-X3)：200～400 目，或同类产品；农药标准品：α-HCH、六氯苯(HCB)、β-HCH、γ-HCH、五氯硝基苯(PCNB)、δ-HCH、五氯苯胺(PCA)、七氯(heptachlor)、五氯苯基硫醚(PCPs)、艾氏剂 (Aldrin)、氧氯丹(oxychlordane)、环氧七氯(heptachlor epoxide)、反氯丹(trans-chlordane)、α-硫丹(α-endosulfan)、顺氯丹(cis-chlordane)、p, p'-DDE、狄氏剂(Dieldrin)、异狄氏剂(Endrin)、β-硫丹(β-endosulfan)、p, p'-DDD、o, p'-DDT、异狄氏剂醛 (endrin aldehyde)、硫丹硫酸盐(endosulfan sulfate)、p, p'-DDT、异狄氏剂酮(endrin ketone)、灭蚁灵(Mirex)，纯度均应不低于 98%。

3. 试剂配制

标准溶液的配制：分别准确称取或量取适量上述农药标准品，用少量苯溶解，再用正己烷稀释成一定浓度的标准储备溶液。量取适量标准储备溶液，用正己烷稀释为系列混合标准溶液。

三、操作方法

(一)试样制备

蛋品去壳，制成匀浆；肉品去筋后，切成小块，制成肉糜；乳品混匀待用。

(二)提取与分配

(1)蛋类：称取 20 g 试样(精确到 0.01 g)置于 200 mL 具塞三角瓶中，加 5 mL 水(视试样水分含量加水，使总水量约为 20 g。通常鲜蛋水分含量约为 75%，加 5 mL 水即可)，再加入 40 mL 丙酮，振摇 30 min 后，加入氯化钠 6 g，充分摇匀，再加入 30 mL 石油醚，振摇 30 min。静置分层后，将有机相全部转移至 100 mL 具塞三角瓶中经无水硫酸钠干燥，并量取 35 mL 置于旋转蒸发瓶中，浓缩至约 1 mL，加入 2 mL 乙酸乙酯-环己烷(+1)溶液再浓缩，如此重复 3 次，浓缩至约 1 mL，供凝胶色谱层析净化使用，或将浓缩液转移至全自动凝胶渗透色谱系统配套的进样试管中，用乙酸乙酯-环己烷(1∶1)溶液洗涤旋转蒸发瓶数次，将洗涤液合并至试管中，定容至 10 mL。

(2)肉类：称取 20 g 试样(精确到 0.01 g)，加 15 mL 水(视试样水分含量加水，使总水量约 20 g)。然后加入 40 mL 丙酮，振摇 30 min，然后按照蛋类试样的提取、分配步骤处理。

(3)乳类：称取 20 g 试样(精确到 0.01 g)，鲜乳不需加水，直接加丙酮提取。然后按照蛋类试样的提取、分配步骤处理。

(4)大豆油：称取试样 1 g(精确到 0.01 g)，直接加入 30 mL 石油醚，振摇 30 min 后，将有机相全部转移至旋转蒸发瓶中，浓缩至约 1 mL，加入 2 mL 乙酸乙酯-环己烷(1∶1)溶液再浓缩，如此重复 3 次，浓缩至约 1 mL，供凝胶色谱层析净化使用，或将浓缩液转移至全自动凝胶渗透色谱系统配套的进样试管中，用乙酸乙酯-环己烷(1∶1)溶液洗涤旋转蒸发瓶数次，将洗涤液合并至试管中，定容至 10 mL。

(5)植物类：称取 20 g 试样匀浆，加 5 mL 水(视其水分含量加水，使总水量约 20 mL)，然后加入 40 mL 丙酮，振荡 30 min，加入 6 g 氯化钠，摇匀。再加入 30 mL 石油醚，再振荡 30 min，然后按照蛋类试样的提取、分配步骤处理。

(三)净化

选择手动或全自动净化方法的任何一种进行。

(1) 手动凝胶色谱柱净化：将试样浓缩液经凝胶柱以乙酸乙酯-环己烷(1：1)溶液洗脱，弃去 0～35 mL 馏分，收集 35～70 mL 馏分。将其旋转蒸发浓缩至约 1 mL，再经凝胶柱净化收集 35～70 mL 馏分，蒸发浓缩，用氮气吹除溶剂，用正己烷定容至 1 mL，留待 GC 分析。

(2) 全自动凝胶渗透色谱系统净化：试样由 5 mL 试样环注入凝胶渗透色谱柱(GPC)，泵流速 5.0 mL/min，以乙酸乙酯-环己烷(1：1)溶液洗脱，弃去 0～7.5min 的馏分，收集 7.5～15 min 的馏分，15～20 min 冲洗 GPC 柱。将收集的馏分旋转蒸发浓缩至约 1 mL，用氮气吹至近干，定容至 1 mL，留待 GC 分析。

(四) 测定

1. 气相色谱参考条件

色谱柱：DM-5 石英弹性毛细管柱，长 30 m、内径 0.32 mm、膜厚 0.25 μm；或等效柱。

柱温：程序升温，90℃维持 1 min，以 40℃/min 升到 170℃，以 2.3℃/min 升到 230℃，维持 17 min 以 40℃/min 升到 280℃，维持 5 min。

进样口温度：280℃。不分流进样，进样量 1 μL。

检测器：电子捕获检测器(ECD)，温度：300℃。

载气流速：氮气(N_2)，流速 1 mL/min；尾吹，25 mL/min。

柱前压：0.5 MPa。

2. 色谱分析

分别吸取 1 μL 混合标准液及试样净化液注入气相色谱仪中，记录色谱图，以保留时间定性，以试样和标准的峰高或峰面积比较定量。

3. 色谱图

色谱图参见有机氯农药混合标准溶液的色谱图。出峰先后顺序依次为 α-HCH、六氯苯、β-HCH、γ-HCH、五氯硝基苯、δ-HCH、五氯苯胺、七氯、五氯苯基硫醚、艾氏剂、氧氯丹、环氧七氯、反氯丹、α-硫丹、顺氯丹、p,p'-DDE、狄氏剂、异狄氏剂 β-硫丹、DDD、o,p'-DDT、异狄氏剂醛、硫丹硫酸盐、p,p'-DDT、异狄氏剂酮、灭蚁灵。

四、结果分析

(1)试样中各农药的含量按式(6-3)进行计算：

$$X=m_1 \times V_1 \times f \times 1000 / m \times V_2 \times 1000 \tag{6-3}$$

式中，X——试样中各农药的含量，mg/kg；

m_1——被测样液中各农药的含量，ng；

V_1——样液进样体积，μL；

f——稀释因子；

m——试样质量，g；

V_2——样液最后定容体积，mL。

计算结果保留两位有效数字。

(2)精密度。在重复性条件下获得的两次独立测定结果的绝对差值不得超过算术平均值的20%，此方法测定的不确定度参见表6-2。

表 6-2　以六氯苯和灭蚁灵为目标化合物测定的不确定度结果

农药组分	量值/(μg/kg)	相对标准不确定度	扩展不确定度
六氯苯	15.6	0.0572	0.114
灭蚁灵	20.0	0.0369	0.0778

第三节　有机磷农药残留量的测定

一、原理和方法

磷是生命必需元素之一，与生命体密切相关，如普遍存在于生物体中的核酸便含有大量的磷酸酯基团。由于磷-氧键键能较高，因此核苷酸类的三磷酸腺苷(ATP)被称为"能量分子"，用于储存和传递化学能。磷酸根离子也存在于血液中。

很多农药和化学武器也含有有机磷化合物成分。

当有机磷进入人体后，以其磷酰基与酶的活性部分紧密结合形成磷酰化胆碱酯酶而丧失分解乙酰胆碱的能力，以致体内乙酰胆碱大量蓄积并抑制仅有的乙酰胆碱酯酶活力，使中枢神经系统及胆碱能神经过度兴奋最后转入抑制和衰竭而表现一系列症状和体征：

(1)某些副交感神经和某些交感神经节后纤维的胆碱能毒蕈碱受体兴奋，则出现平滑肌收缩、腺体分泌增加、瞳孔收缩、恶心呕吐、腹痛腹泻等毒蕈碱样症状。

(2)运动神经和肌肉连接点胆碱能烟碱型受体兴奋，则发生肌肉纤维震颤或抽搐(痉挛)；重度中毒或中毒晚期转为肌力减弱或肌麻痹等烟碱样症状。

(3)中枢神经系统细胞突触间胆碱能受体兴奋引起功能失调，开始有头痛头晕、烦躁不安、谵语等兴奋症状，严重时出现言语障碍、昏迷和呼吸中枢麻痹。

(4)在循环系统方面既可出现心率减慢、血压下降等毒蕈碱样症状，又可有血压上升和心率加快等烟碱样症状。

含有机磷的试样在富氢焰上燃烧，以 HPO 碎片的形式放射出波长 526 nm 的特征光；这种光通过滤光片选择后，由光电倍增管接收转换成电信号，经微电流放大器放大后被记录下来。试样的峰面积或峰高与标准品的峰面积或峰高进行比较定量。

本方法可作为水果、蔬菜、谷类中敌敌畏、速灭磷、久效磷、甲拌磷、巴胺磷、二嗪磷、乙嘧硫磷、甲基嘧啶磷、甲基对硫磷、稻瘟净、水胺硫磷、氧化喹硫磷、稻丰散、甲喹硫磷、克线磷、乙硫磷、乐果、喹硫磷、对硫磷、杀螟硫磷的残留量分析方法。

本方法适用于使用过敌敌畏等二十种农药制剂的水果、蔬菜、谷类等作物的残留量分析。

二、设备和材料

1. 设备

组织捣碎机，粉碎机，旋转蒸发仪，气相色谱仪[附有火焰光度检测器(FPD)]。

2. 材料

丙酮，二氯甲烷，氯化钠，无水硫酸钠，助滤剂 Celite 545。

农药标准品如下：敌敌畏(DDVP)：纯度≥99%；速灭磷(mevinphos)：顺式纯度≥60%，反式纯度≥40%；久效磷(monocrotophos)：纯度≥99%；甲拌磷(phorate)：纯度≥98%；巴胺磷(propetumphos)：纯度≥99%；二嗪磷(diazinon)：纯度≥98%；乙嘧硫磷(etrimfos)：纯度≥97%；甲基嘧啶磷(pirimiphos methyl)：纯度≥99%；甲基对硫磷(parathion- methyl)：纯度≥99%；稻瘟净(kitazine)：纯度≥99%；水胺硫磷(isocarbophos)：纯度≥99%；氧化喹硫磷(po-quinalphos)：纯度≥99%；稻丰散(phenthoate)：纯度≥99.6%；甲喹硫磷(methdathion)：纯度≥99.6%；克线磷(phenamiphos)：纯度>99.9%；乙硫磷(ethion)：纯度≥95%；乐果(dimethoate)：纯度≥99.0%；喹硫磷(quinaphos)：纯度≥98.2%；对硫磷(parathion)：纯度≥99%；杀螟硫磷(fenitrothion)：纯度≥98.5%。

3. 标准溶液的配制

农药标准溶液的配制：分别准确称取标准品，用二氯甲烷为溶剂，分别配制成 1.0 mg/mL 的标准储备液，储存于冰箱(4℃)中，使用时根据各农药品种的仪器响应情况，吸取不同量的标准储备液，用二氯甲烷稀释成混合标准使用液。

三、操作方法

(一)试样的制备

取粮食试样经粉碎机粉碎,过20目筛制成粮食试样;水果、蔬菜试样去掉非可食部分后制成待分析试样。

(二)分析步骤

1. 提取

(1)称取50.00 g水果、蔬菜试样,置于300 mL烧杯中加入50 mL水和100 mL丙酮(提取液总体积为150 mL),用组织捣碎机提取1~2 min。匀浆液经铺有两层滤纸和约10 g Celite 545的布氏漏斗减压抽滤。取滤液100 mL移至500 mL分液漏斗中。

(2)称取25.00 g谷物试样,置于300 mL烧杯中,加入50 mL水和100 mL丙酮,以下步骤同上。

2. 净化

向上述的滤液中加入10~15 g氯化钠使溶液处于饱和状态。猛烈振摇2~3 min,静置10 min,使丙酮与水相分层,水相用50 mL二氯甲烷振摇2 min,再静置分层。

将丙酮与二氯甲烷提取液合并,经装有20~30 g无水硫酸钠的玻璃漏斗脱水滤入250 mL圆底烧瓶中,再以约40 mL二氯甲烷分数次洗涤容器和无水硫酸钠。洗涤液也并入烧瓶中,用旋转蒸发器浓缩至约2 mL,浓缩液定量转移至5~25 mL容量瓶中,加二氯甲烷定容至刻度。

3. 气相色谱测定

色谱参考条件如下:

1)色谱柱

(1)玻璃柱 2.6 m×3 mm(i, d),填装涂有4.5% DC-200+2.5% OV-17的Chromosorb WAWDMCS(80~100目)的担体。

(2)玻璃柱 2.6 m×3 mm(i, d),填装涂有质量分数为1.5%的QF-1的Chromosorb WAWDMCS(60~80目)。

2)气体速度

氮气50 mL/min、氢气100 mL/min、空气50 mL/min。

3)温度

柱箱240℃、气化室260℃、检测器270℃。

4. 测定

吸取 2~5 μL 混合标准液及试样净化液注入色谱仪中，以保留时间定性。以试样的峰高或峰面积与标准比较定量。

四、结果分析

(1)组分有机磷农药的含量按式(6-4)进行计算。

$$X_i = A_t/A_m \times V_1/V_2 \times V_3/V_4 \times E_a/m \times 1000/1000 \tag{6-4}$$

式中，X_i——i 组分有机磷农药的含量，mg/kg；

A_t——试样中 i 组分的峰面积，积分单位；

A_m——混合标准液中 i 组分的峰面积，积分单位；

V_1——试样提取液的总体积，mL；

V_2——净化用提取液的总体积，mL；

V_3——浓缩后的定容体积，ml；

V_4——进样体积，μL；

E_a——注入色谱仪中的 i 标准组分的质量，ng；

m——试样的质量，g。

计算结果保留两位有效数字。

(2)精密度。在重复性条件下获得的两次独立测定结果的绝对差值不得超过算术平均值的 15%。

(3)其他。16 种有机磷农药(标准溶液)的色谱图，见图 6-2。

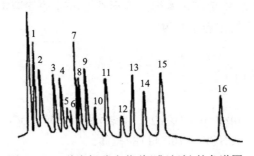

图 6-2　16 种有机磷农药(标准溶液)的色谱图

1. 敌敌畏最低检测浓度 0.005 mg/kg；2. 速灭磷最低检测浓度 0.004 mg/kg；3. 久效磷最低检测浓度 0.014 mg/kg；4. 甲拌磷最低检测浓度 0.004 mg/kg；5. 巴胺磷最低检测浓度 0.011 mg/kg；6. 二嗪磷最低检测浓度 0.003 mg/kg；7. 乙嘧硫磷最低检测浓度 0.003 mg/kg；8. 甲基嘧啶磷最低检测浓度 0.004 mg/kg；9. 甲基对硫磷最低检测浓度 0.004 mg/kg；10. 稻瘟净最低检测浓度 0.004 mg/kg；11. 水胺硫磷最低检测浓度 0.005 mg/kg；12. 氧化喹硫磷最低检测浓度 0.025 mg/kg；13. 稻丰散最低检测浓度 0.017 mg/kg；14. 甲喹硫磷最低检测浓度 0.014 mg/kg；15. 克线磷最低检测浓度 0.009 mg/kg；16. 乙硫磷最低检测浓度 0.014 mg/kg

13 种有机磷农药的色谱图，见图 6-3。

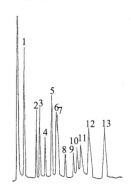

图 6-3　13 种有机磷农药的色谱图

1. 敌敌畏；2. 甲拌磷；3. 二嗪磷；4. 乙嘧硫磷；5. 巴胺磷；6. 甲基嘧啶磷；7. 异稻瘟净；8. 乐果；9. 喹硫磷；
10. 甲基对硫磷；11. 杀螟硫磷；12. 对硫磷；13. 乙硫磷

第四节　氯　霉　素

一、原理和方法

氯霉素是由委内瑞拉链丝菌产生的抗生素，属抑菌性广谱抗生素，是治疗伤寒、副伤寒的首选药，治疗厌氧菌感染的特效药物之一，还可用于敏感微生物所致的各种感染性疾病的治疗。因对造血系统有严重不良反应，需慎重使用。如果食品中含有氯霉素，食用后对人体会造成一定伤害。

动物源性食品中氯霉素类残留量的气相色谱-质谱和液相色谱-质谱/质谱测定方法，适用于水产品、畜禽产品和畜禽副产品中氯霉素、氟甲砜霉素和甲砜霉素残留的定性确证和定量测定。

样品用乙酸乙酯提取，4%氯化钠溶液和正己烷液-液分配净化，再经弗罗里硅土(Florisil)柱净化后，以甲苯为反应介质，用 N,O-双（三甲基硅基）三氟乙酰胺-三甲基氯硅烷(BSTFA+TMCS，99+1)于 70℃硅烷化，用气相色谱/负化学电离源质谱测定，内标工作曲线法定量。

二、设备和材料

1. 设备

气相色谱/质谱联用仪[配有化学电离源(CI)]，组织捣碎机，固相萃取装置，振荡器，旋转蒸发仪，涡旋混合器，离心机，恒温箱。

2. 材料

甲醇：色谱纯；甲苯；农残级；正己烷：农残级；乙酸乙酯；乙醚；氯化钠。

除非另有说明，在分析中仅使用确认为分析纯的试剂和二次去离子水或纯度相当的水。

氯霉素(CAP)、氟甲砜霉素(FF)、甲砜霉素(TAP)标准物质：纯度>99%。间硝基氯霉素(m-CAP)标准物质：纯度≥99%。

3. 试剂配制

氯化钠溶液(4%)：称取适量氯化钠用水配制成 4%的氯化钠溶液，常温保存，可使用 1 周。

4. 标准曲线制作

(1)氯霉素类标准储备溶液：准确称取适量氯霉素、氟甲砜霉素和甲砜霉素标准物质(精确到 0.1 mg)，以甲醇配制成浓度为 100 μg/mL 的标准储备溶液。

(2)间硝基氯霉素内标工作溶液：准确称取适量间硝基氯霉素标准物质(精确到 0.1 mg)，用甲醇配制成 10 ng/mL 的标准工作溶液。

(3)氯霉素类基质标准工作溶液：选择不含氯霉素类的样品六份，分别添加 1 mL 内标工作溶液(间硝基氯霉素内标工作溶液)，用这六份提取液分别配成氯霉素、氟甲砜霉素和甲砜霉素浓度为 0.1 ng/mL、0.2 ng/mL、 1 ng/mL、2 ng/mL、4 ng/mL、8 ng/mL 的溶液，按本方法提取、净化，制成样品提取液，用氮气缓慢吹干，硅烷化后，制成标准工作溶液。

衍生化试剂：N,O-双（三甲基硅基）三氟乙酰胺 - 三甲基氯硅烷(BSTFA+TMCS，99+1)。固相萃取柱：弗罗里硅土柱(6.0 mL，1.0 g)。

三、操作方法

(一)提取

称取 10 g(精确到 0.01 g)粉碎的组织样品置于 50 mL 具塞离心管中，加入 1.0 mL 内标溶液和 30 mL 乙酸乙酯，振荡 30 min，以 4000 r/min 离心 2 min，上层清液转移至圆底烧瓶中，残渣用 30 mL 乙酸乙酯再提取一次，合并提取液，35℃ 旋转蒸发至 1~2mL，待净化。

(二)净化

1. 液-液萃取

提取液浓缩物加 1 mL 甲醇溶解，用 20 mL 氯化钠溶液和 20 mL 正己烷液-液萃取，弃去正己烷层，水相用 40 mL 乙酸乙酯分两次萃取，合并乙酸乙酯相于心形瓶中，35℃旋转蒸发至近干，用氮气缓慢吹干。

2. 弗罗里硅土柱净化

弗罗里硅土柱依次用 5 mL 甲醇、5 mL 甲醇-乙醚(3∶7)溶液和 5 mL 乙醚淋洗备用。将残渣用 5.0 mL 乙醚溶解上样，用 5.0 mL 乙醚淋洗弗罗里硅土柱，5.0 mL 甲醇-乙醚溶液(3∶7)洗脱，洗脱液用氮气缓慢吹干，待硅烷化。

(三)硅烷化

净化后的试样用 0.2 mL 甲苯溶解，加入 0.1 mL 硅烷化试剂(衍生化试剂)混合，于 70℃衍生化 60 min。氮气缓慢吹干，用 1.0 mL 正己烷定容，待测定。

(四)测定

1. 气相色谱-质谱条件

(1)色谱柱：DB-5MS 毛细管柱，30m×0.25mm（内径)×0.25 μm，或与之相当。

(2)色谱柱温度：50℃保持 1 min，以 25℃/min 升至 280℃，保持 5 min。

(3)进样口温度：250℃。

(4)进样方式：不分流进样，不分流时间 0.75 min。

(5)载气：高纯氦气，纯度≥99.999%。

(6)流速：1.0 mL/min。

(7)进样量：1.0 μL。

(8)接口温度：280℃。

(9)离子源：化学电离源负离子模式 NCI。

(10)扫描方式：选择离子监测。

(11)离子源温度：150℃。

(12)四极杆温度：106℃。

(13)反应气：甲烷，纯度≥99.999%。

(14)选择监测离子见表 6-3。

表 6-3　监测离子

药物名称	监测离子(m/z)	定量离子(m/z)	相对离子丰度比/%	允许相对误差/%
间硝基氯霉	466		100	
	468		66	±20%
	470	466	16	±30%
	432		2	±50%

续表

药物名称	监测离子(m/z)	定量离子(m/z)	相对离子丰度比/%	允许相对误差/%
氯霉素	466		100	
	468		71	±20%
	376	466	32	±25%
	378		19	±30%
氟甲砜霉素	339		100	
	341		75	±20%
	429	339	89	±20%
	431		84	± 20%
甲砜霉素	409		100	
	411		93	±20%
	499	409	92	±20%
	501		93	±20%
	501		93	±20%

2. 定性测定

进行试样测定时，如果检出色谱峰的保留时间与标准物质一致，并且在扣除背景后的样品质谱图中，所选择的离子均出现，而且所选择离子的相对离子丰度比与标准物质一致，相对丰度允许偏差不超过表 6-3 规定的范围，则可判断样品中存在对应的三种氯霉素。如果不能确证，应重新进样，以扫描方式(有足够灵敏度)或采用增加其他确证离子的方式来确证。

3. 内标工作曲线

用配制的基质标准工作溶液(氯霉素类基质标准工作溶液)按气相色谱-质谱条件分别进样，以标准溶液浓度为横坐标，待测组分与内标物的峰面积之比为纵坐标绘制内标工作曲线。

4. 定量

以 m/z466(m-CAP 和 CAP)、339(FF)和 409(TAP)为定量离子，样品溶液中氯霉素类衍生物的响应值均应在仪器测定的线性范围内。在上述色谱条件下，m-CAP、CAP、FF、TAP 标准物质衍生物参考保留时间约为 11.4 min、11.8 min、12.6 min、13.6 min。氯霉素类标准物质衍生物总离子流色谱图和质谱图见图 6-4和图 6-5。

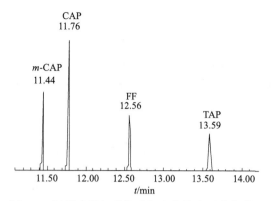

图 6-4 氯霉素类标准物质衍生物总离子流色谱图

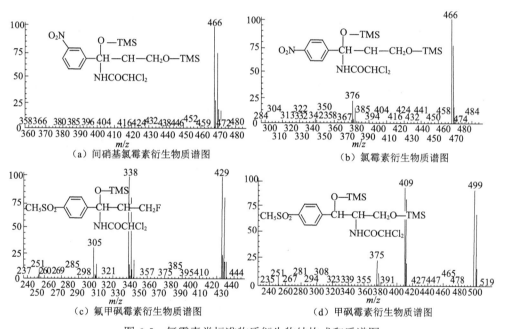

（a）间硝基氯霉素衍生物质谱图

（b）氯霉素衍生物质谱图

（c）氟甲砜霉素衍生物质谱图

（d）甲砜霉素衍生物质谱图

图 6-5 氯霉素类标准物质衍生物结构式和质谱图

5. 平行实验

按以上步骤，对同一试样进行平行实验测定。

6. 空白实验

除不加试样外，均按上述测定步骤进行。

四、结果分析

（1）结果按式（6-5）计算：

$$X = \frac{c \times v}{m} \tag{6-5}$$

式中，X——试样中被测组分残留量，μg/kg；

　　　c——从内标标准工作曲线上得到的被测组分浓度，ng/mL；

　　　v——试样溶液定容体积，mL；

　　　m——试样的质量，g。

(2)测定低限。气相色谱-质谱测定低限为：氯霉素 0.1 μg/kg，氟甲砜霉素和甲砜霉素 0.5 μg/kg。

(3)回收率和精密度。氯霉素类药物在不同基质中的平均回收率和精密度(GC/MS 法)见表 6-4。

表 6-4　氯霉素类药物在不同基质中的平均回收率和精密度

药物名称	添加浓度/ (μgAg)	水产品		畜禽肉		畜禽副产品	
		回收率/%	RSD/%	回收率/%	RSD/%	回收率/%	RSD/%
氯霉素	0.1	88.1	9.8	80.2	8.9	80.0	10.0
	1.0	86.4	5.5	85.4	5.7	88.7	7.2
	2.0	98.1	1.2	90.5	1.5	94.2	2.1
氟甲砜霉素	0.5	98.9	12.9	101	14.6	109	15.4
	1.0	105	10.4	92.8	11.3	102	12.2
	2.0	88.0	15.1	85.3	10.1	89.9	10.7
甲砜霉素	0.5	111	8.8	98.0	8.9	110	10.5
	1.0	94.0	8.3	93.1	7.9	100	8.8
	2.0	93.6	7.7	89.5	6.5	90.3	6.9

第五节　克伦特罗残留量的测定

一、原理和方法

克伦特罗(clenbuterol)就是通常所说的瘦肉精，是一种平喘药。该药物既不是兽药，也不是饲料添加剂，而是肾上腺类神经兴奋剂。当它们以超过治疗剂量 5～10 倍的用量用于家畜饲养时，即有显著的营养"再分配效应"——促进动物体蛋白质沉积、促进脂肪分解抑制脂肪沉积，能显著提高胴体的瘦肉率、增重和提高饲料转化率，因此曾被用作牛、羊、禽、猪等畜禽的促生长剂、饲料添加剂。

它曾经作为药物用于治疗支气管哮喘，后由于副作用太大而遭禁用。其他类似药物还有沙丁胺醇(salbutamol)和特布他林(terbutaline)等，同样能起到"瘦肉"作用，却对人体健康危害过大，因而造成安全隐患。它们也因而在全球遭到禁用。

此法适用于新鲜或冷冻的畜、禽肉与内脏及其制品中克伦特罗残留的测定，也适用于生物材料(人或动物血液、尿液)中克伦特罗的测定。

检出限：第一法气相色谱-质谱法为 0.5 μg/kg；

线性范围：第一法气相色谱-质谱法为 0.025～2.5 ng；

固体试样剪碎，用高氯酸溶液匀浆。液体试样加入高氯酸溶液，进行超声加热提取，用异丙醇-乙酸乙酯(40∶60)萃取，有机相浓缩，经弱阳离子交换柱进行分离，用乙醇-浓氨水(98∶2)溶液洗脱，浓缩后经 N,O-三甲基硅烷三氟乙酰胺(BSTFA)衍生后于气相色谱-质谱联用仪上进行测定。以美托洛尔(metoprolol)为内标，定量。

二、设备和材料

1. 设备

弱阳离子交换柱(LC-WCX)(3 mL)。

针筒式微孔过滤膜(0.45 μm，水相)。

气相色谱-质谱联用仪(GC/MS)磨口玻璃离心管：11.5 cm(长)×3.5 cm(内径)，具塞；5mL 玻璃离心管；超声波清洗器；酸度计；离心机；振荡器；旋转蒸发器；涡旋式混合器；恒温加热器；N_2 蒸发器；匀浆器。

2. 材料

克伦特罗，纯度≥99.5%；美托洛尔，纯度≥99%；磷酸二氢钠；氢氧化钠；氯化钠；高氯酸；浓氨水；异丙醇；乙酸乙酯，甲醇(HPLC 级)；甲苯(色谱纯)；乙醇；衍生剂[N,O-双三甲基硅烷三氟乙酰胺(BSTFA)]；高氯酸溶液(0.1 mol/L)；氢氧化钠溶液(1 mol/L)；磷酸二氢钠缓冲液(0.1mol/L，pH = 6.0)；异丙醇-乙酸乙酯(40∶60)；乙醇-浓氨水(98∶2)。

3. 标准溶液配制

(1)美托洛尔内标标准溶液：准确称取美托洛尔标准品，用甲醇溶解配成浓度为 240 mg/L 的内标储备液，储存于冰箱中，使用时用甲醇稀释成 2.4 mg/L 的内标使用液。

(2)克伦特罗标准溶液：准确称取克伦特罗标准品，用甲醇溶解配成浓度为 250 mg/L 的标准储备液，储存于冰箱中，使用时用甲醇稀释成 0.5 mg/L 的克伦特罗标准使用液。

三、操作方法

(一)提取

1. 肌肉、肝脏、肾脏试样

称取 10 g 肌肉、肝脏或肾脏试样(精确到 0.01 g),用 20 mL 0.1 mol/L 高氯酸溶液匀浆,置于磨口玻璃离心管中;然后置于超声波清洗器中超声 20 min,取出置于 8℃水浴中加热 30 min。取出冷却后离心(4500 r/min) 15 min。倾出上清液,沉淀用 5 mL 0.1 mol/L 高氯酸溶液洗涤,再离心,将两次的上清液合并。用 1 mol/L 氢氧化钠溶液调 pH 至 9.5 ±0.1,若有沉淀产生,再离心(4500 r/min) 10 min,将上清液转移至磨口玻璃离心管中,加入 8 g 氯化钠,混匀,加入 25 mL 异丙醇-乙酸乙酯(40:60),置于振荡器上振荡提取 20 min。提取完毕,放置 5 min(若有乳化层稍离心一下)。用吸管小心地将上层有机相移至旋转蒸发瓶中,用 20 mL 异丙醇-乙酸乙酯(40:60)再重复萃取一次,合并有机相,于 60℃在旋转蒸发器上浓缩至近干。用 1 mL 0.1 mol/L 磷酸二氢钠缓冲液(pH 6.0)充分溶解残留物,经针筒式微孔过滤膜过滤,洗涤三次后完全转移至 5 mL 玻璃离心管中,并用 0.1 mol/L 磷酸二氢钠缓冲液(pH 6.0)定容至刻度。

2. 尿液试样

用移液管量取尿液 5 mL,加入 20 mL 0.1 mol/L 高氯酸溶液,超声 20 min 混匀。置于 80℃水浴中加热 30 min。以下按 1 中从"用 1 mol/L 氢氧化钠溶液调 pH 至 9.5±0.1"起开始操作。

3. 血液试样

将血液以 4500 r/min 速度离心,用移液管量取上层血清 1 mL 置于 5 mL 玻璃离心管中,加入 2 mL 0.1 mol/L 高氯酸溶液,混匀,置于超声波清洗器中超声 20 min,取出置于 80℃水浴中加热 30 min。取出冷却后离心(4500 r/min) 15 min。倾出上清液,沉淀用 1 mL 0.1 mol/L 高氯酸溶液洗涤,离心(4500 r/min) 10 min,合并上清液,再重复一遍洗涤步骤,合并上清液。向上清液中加入约 1 g 氯化钠,加入 2 mL 异丙醇-乙酸乙酯(40:60),在涡旋式混合器上振荡萃取 5 min,放置 5 min(若有乳化层稍离心一下),小心将有机相移至 5 mL 玻璃离心管中,按以上萃取步骤重复萃取两次,合并有机相。将有机相在 N₂ 蒸发器上吹干。用 1 mL 0.1 mol/L 磷酸二氢钠缓冲液(pH 6.0)充分溶解残留物,经筒式微孔过滤膜过滤完全转移至 5mL 玻璃离心管中,并用 0.1 mol/L 磷酸二氢钠缓冲液(pH 6.0)定容至刻度。

(二)净化

依次用 10 mL 乙醇、3 mL 水、3 mL 0.1 mol/L 磷酸二氢钠缓冲液(pH 6.0),3 mL

水冲洗弱阳离子交换柱，取适量上述三个的提取液至弱阳离子交换柱上，弃去流出液，分别用 4 mL 水和 4 mL 乙醇冲洗柱子，弃去流出液，用 6 mL 乙醇-浓氨水（98∶2）冲洗柱子，收集馏出液。将馏出液在 N_2 蒸发器上浓缩至干。

（三）衍生化

向净化、吹干的试样残渣中加入 100～500 μL 甲醇，50 μL 2.4 mg/L 的内标工作液，在 N_2 蒸发器上浓缩至干，迅速加入 40 μL 衍生剂（BSTFA），盖紧塞子，在涡旋式混合器上混匀 1 min，置于 75℃ 的恒温加热器中衍生 90 min。衍生反应完成后取出冷却至室温，在涡旋式混合器上混匀 30 s，置于 N_2 蒸发器上浓缩至干。加入 200 μL 甲苯，在涡旋式混合器上充分混匀，待气相色谱-质谱联用仪进样。同时用克伦特罗标准使用液做系列同步衍生。

（四）气相色谱-质谱法测定

1. 气相色谱-质谱法测定参数设定

气相色谱柱：DB-5MS 柱，30 m×0.25 mm×0.25 μm。

载气：He，柱前压强 8 psi[①]。

进样口温度：240℃。

进样量：1 μL，不分流。

柱温程序：70℃保持 1 min，以 18℃/min 速率升至 200℃，以 5℃/min 的速率再升至 245℃，再以 25℃/min 升至 280℃，并保持 2 min。

EI 源：电子轰击能：70 eV；离子源温度：200℃；接口温度：285℃；溶剂延迟：12 min。

EI 源检测特征质谱峰：克伦特罗 m/z 86、m/z 187、m/z 243、m/z 262；美托洛尔 m/z 72、m/z 223。

2. 测定

吸取 1 μL 衍生的试样液或标准液注入气相色谱-质谱联用仪中，以试样峰（m/z 86，m/z 187，m/z 243，m/z 262，m/z 264，m/z 277，m/z 333）与内标峰（m/z 72，m/z 223）的相对保留时间定性，要求试样峰中至少有 3 对选择离子相对强度（与基峰的比例）不超过标准相应选择离子相对强度平均值的±20%或 3 倍标准差。以试样峰（m/z 86）与内标峰（m/z 72）的峰面积比单点或多点校准定量。

克伦特罗标准与内标衍生后的选择性离子的质谱图见图 6-6 和图 6-7。

---

① 1psi=6.89476×10³Pa。

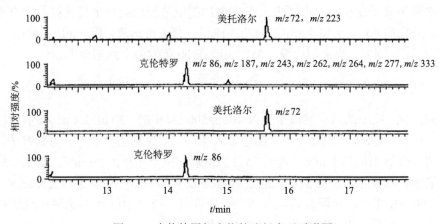

图 6-6　克伦特罗衍生物的选择离子质谱图

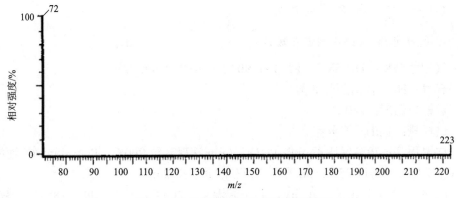

图 6-7　内标衍生物的选择离子质谱图

四、结果分析

(1)按内标法单点或多点校准计算试样中克伦特罗的含量。

$$X = \frac{A \times f}{m} \tag{6-6}$$

式中，X——试样中克伦特罗的含量，μg/kg 或 μg/L；

　　　　A——试样色谱峰与内标色谱峰的峰面积比值对应的克伦特罗质量，ng；

　　　　f——试样稀释倍数；

　　　　m——试样的取样量，g 或 mL。

计算结果表示到小数点后两位。

(2)精密度。在重复性条件下获得的两次独立测定结果的绝对差值不得超过算术平均值的 20%。

第六节　左旋咪唑残留量

一、原理和方法

左旋咪唑广泛应用为免疫兴奋剂治疗类风湿性关节炎，乳腺癌或肺癌术后或化疗后用此药可延长生命，可长期给予此剂。长期服用将发生口腔溃疡及轻度味觉紊乱，中枢神经系统异常，发热及类似流感样症状，粒细胞减少或皮疹；血液的不良反应罕见，但有时很严重，甚至导致死亡。

用乙酸乙酯在碱性条件下提取试样中的左旋咪唑，将有机相与稀盐酸一起振摇进行反抽提，提取液经碱化后用二氯甲烷萃取，萃取液供气相色谱氮磷检测器测定，外标法定量。

二、设备和材料

1. 设备

气相色谱仪并配有氮磷检测器；组织捣碎机；锥形瓶：150 mL；涡旋式混合器；离心机；离心管（具磨口塞，10 mL，50 mL）；旋转蒸发器；微量注射器（10μL）。

2. 材料

乙酸乙酯：分析纯，经全玻璃装置重蒸馏；无水硫酸钠：分析纯，经 650℃灼烧 4 h，置于干燥器内备用；氢氧化钾：分析纯；氢氧化钾溶液：50%，取 50 g氢氧化钾溶解于 100 mL 蒸馏水中；盐酸：分析纯；盐酸溶液：0.5 mol/L；二氯甲烷：分析纯，经全玻璃装置重蒸馏；左旋咪唑标准品：左旋咪唑盐酸盐（$C_{11}H_{12}N_2S·HCl$），纯度≥99%。

3. 标准溶液的配制

左旋咪唑标准溶液：准确称取适量的盐酸左旋咪唑标准品，用水配成左旋咪唑浓度为 100 μg/mL 的标准储备溶液，根据需要再配成适当浓度的标准工作溶液。

三、操作方法

1. 提取

称取试样约 10 g(精确到 0.1 g)置于锥形瓶中，加入无水硫酸钠约 15 g，拌匀。加入 1 mL 50%氢氧化钾溶液和 30 mL 乙酸乙酯，在涡旋式混合器上剧烈混匀 30 s。静置 15 min，然后在振荡器上振荡 10 min。

2. 净化

取 20 mL 上述乙酸乙酯提取液置于 50 mL 离心管中，加入 5 mL 0.5 mol/L 盐酸，振摇 2 min，于 2000 r/min 离心 2 min。将酸层定量转入 10 mL 离心管中，加入 1 mL 50%氢氧化钾溶液，在涡旋混合器上混合 30 s，冷却至室温。加入 0.5 mL 二氯甲烷，振摇 2 min，静置 10 min，以 2000 r/min 离心 2 min。弃去水相，二氯甲烷层供气相色谱测定。

标准工作溶液的处理：取适当浓度的标准工作溶液 200 μL 置于 5 mL 离心管中，加入 0.5 mL 50%氢氧化钾溶液，混匀；冷却至室温后，加入 2 mL 二氯甲烷，振摇 2 min，静置 10 min，以 2000 r/min 离心 2 min。弃去水相，二氯甲烷层供气相色谱测定。

3. 测定

色谱条件：

(1) 色谱柱：25 m×0.53 mm（内径）×5μm 膜厚 SE-52 石英毛细管柱。

(2) 色谱柱温度：260℃。

(3) 进样口温度：250℃。

(4) 检测器温度：250℃。

(5) 氮气：纯度≥99.99%，载气 8 mL/min，尾吹气 22 mL/min。

色谱测定：

分别准确注入 2 μL 样品溶液（净化）和标准工作溶液于气相色谱仪中，按色谱条件进行分析，响应值均应在仪器检测的线性范围之内。对标准工作溶液和样液等体积参插进行测定。在上述色谱条件下，左旋咪唑的保留时间约为 8 min。

4. 空白实验

除不加试样外，均按上述测定步骤进行。

四、结果分析

(1) 用色谱数据处理机或按式 (6-7) 计算：

$$X = \frac{h \times c \times V}{h_s \times m} \tag{6-7}$$

式中，X——试样中左旋咪唑的残留量，mg/kg；

c——标准工作溶液中左旋咪唑的浓度，μg/mL；

h——样液中左旋咪唑的峰高，mm；

h_s——标准工作溶液中左旋咪唑的峰高，mm；

V——样液最终定容体积，mL；

m——最终样液所代表的样品质量，g。

注意：计算结果需扣除空白值。

（2）测定低限、回收率。

测定低限：本方法测定低限为 0.1 mg/kg。

回收率：实验数据显示，左旋咪唑添加浓度在 0.01～0.10 mg/kg 范围内，回收率为 86.0%～100.0%。

第七节　二氯二甲吡啶酚

一、原理和方法

二氯二甲吡啶酚是防治鸡、鸭、牛等畜禽类球虫病主要药物克球粉的主要成分。在施药过程中，若剂量、投药方式、安全间隔期等掌握失当，尤其是将药添加于饲料中，长期服用，则可能在肌体、内脏、羽毛中残留有二氯二甲吡啶酚。

出口禽肉中二氯二甲吡啶酚残留量检验的抽样、制样和气相色谱测定方法，适用于出口冻鸡中二氯二甲吡啶酚残留量的检验。

二、抽样和制样

（一）检验批

以不超过 2500 件为一个检验批。

同一检验批的商品应具有相同的特征，如包装、标记、产地、规格和等级等。

（二）抽样数量

抽样数量见表 6-5。

表 6-5　抽样数量

批量/件	最低抽样数/件
1～25	1
26～100	5
101～250	10
251～500	15
501 ～1000	17
1001～2500	20

（三）抽样方法

按表 6-5 中规定的抽样件数随机抽取，逐件开启。每件至少取 500 g 或一袋作为原始样品，原始样品总量不得少于 2 kg。放入清洁容器内，加封后，标明标记，及时送实验室。

（四）试样制备

将所取原始样品缩分出 1 kg，取可食部分，经组织捣碎机捣碎均匀，均分成两份，装入洁净容器内，作为试样。密封，并标明标记。

（五）试样保存

将试样于-18℃以下冷冻保存。

注意：在抽样和制样的操作过程中，必须防止样品受到污染或发生残留物含量的变化。

三、设备和材料

1. 设备

气相色谱仪，配有电子捕获检测器；组织捣碎机；均质器；离心机；离心管：具磨口塞，5 mL；氧化铝柱：20 cm×20 mm(i, d)玻璃柱，柱底部填约 0.5 cm 高的脱脂棉，装 8～9 cm 高的氧化铝，用前经甲醇淋洗；阴离子交换树脂柱：15 cm×10 mm(i, d)玻璃柱，将阴离子交换树脂伴以去离子水装入柱内，高度为 2 cm，注入 100 mL 氢氧化钠溶液淋洗，然后用去离子水洗涤至中性，再用 100 mL 乙酸钠溶液淋洗，用去离子水洗涤至中性，最后用 50 mL 甲醇水溶液 80%（体积分数）洗涤后备用（流速为 2 mL/min）；微量注射器：10μL、100μL。

2. 材料

甲醇：分析纯，经全玻璃装置重蒸馏，收集 64～65℃馏分；正己烷：分析纯，经全玻璃装置重蒸馏，收集 67～69℃馏分；无水硫酸钠：分析纯，经 650℃灼烧 4 h，置于干燥器内备用；氧化铝：中性，净化用，100～200 目；300℃灼烧 4 h，置于干燥器备用；阴离子交换树脂：Dowex 1-X8 100～200 目，C1 型。助滤剂：Celite 545，使用前用甲醇清洗；乙酸酐：分析纯，重蒸馏；吡啶：色谱纯；苯：分析纯；氢氧化钠：分析纯；氢氧化钠溶液：1 mol/L，取 40.0 g 氢氧化钠溶解于 1000 mL 去离子水中；乙酸钠：分析纯；乙酸钠溶液：0.5 mol/L，溶解 68.0 g 乙酸钠于 1000 mL 去离子水中；四硼酸钠：分析纯；四硼酸钠溶液：0.1 mol/L，取 38.1 g 四硼酸钠溶于 1000 mL 去离子水中；冰醋酸：分析纯；二氯二甲吡啶酚和六氯苯标准品：纯度≥99%。

3. 标准溶液的配制

(1)乙酸–甲醇溶液：0.5%，将 2.5 mL 冰醋酸加入 477.5 mL 甲醇中。

(2)硫酸钠溶液：2%，取 2 g 硫酸钠溶解于 100 mL 去离子水中。

(3)二氯二甲吡啶酚标准溶液：准确称取适量的二氯二甲吡啶酚标准品，用甲醇配成浓度为 100μg/mL 的标准储备溶液，根据需要再配成适当浓度的标准工作溶液。

(4)内标溶液：准确称取适量的六氯苯标准品，用苯配成浓度为 100 μg/mL 的标准储备溶液，根据需要再用正己烷配成适当浓度的内标工作溶液。

四、操作方法

(一)测定步骤

称 20 g(精确到 0.1 g)于均质杯中，加入 50 mL 甲醇和 3 g 助滤剂，高速均质 3 min。在布氏漏斗上敷上 2 g 助滤剂，抽滤均质后的样品，用 45 mL 甲醇分 3 次洗涤均质杯并移入布氏漏斗中抽滤。将滤液并入 100 mL 容量瓶中，用甲醇定容，并混匀。

(二)净化

将阴离子交换柱置于氧化铝柱下，吸取 50 mL 提取液注入氧化铝柱内，控制提取液在阴离子交换柱的流速为 1 mL/min，用 20 mL 甲醇冲洗两柱。除去氧化铝柱，弃去全部的馏出液。用 20 mL 乙酸–甲醇溶液(0.5%)洗脱二氯二甲吡啶酚，洗脱液收集于 25 mL 容量瓶中，用甲醇定容。

(三)乙酰化

吸取 5.0mL 洗脱液于离心管中，在 50～60℃水浴中，用氮气吹干。加入 4mL 四硼酸钠溶液(0.1 mol/L)溶解残渣，离心管置于 50℃水浴中 5 min，依次加入 1.0 mL 内标工作溶液、10 μL 吡啶和 75 μL 乙酸酐，加塞，振摇 1 min，2000 r/min 离心 5 min。将正己烷相转入另一离心管中，加无水硫酸钠脱水后供气相色谱测定。

(四)标准物的乙酰化

取适用浓度的标准工作溶液，用氮气吹干，按乙酰化操作流程进行乙酰化反应。

(五)测定

1. 色谱条件

(1)色谱柱：玻璃柱，2 m×3 mm(i, d)，填充物为 3% OV17 + 3.3% QF-1 涂于 Chromosorb WHP(100～120 目)。

(2)色谱柱温度：150℃。

(3)进样口温度：220℃。

(4)检测器温度：250℃。

(5)氮气：纯度≥99.99%，65 mL/min。

2. 色谱测定

分别准确注入 5 μL 经乙酰化后的样液和标准工作溶液于气相色谱仪中，响应值均应在仪器检测的线性范围之内。

在上述色谱条件下，二氯二甲吡啶酚的保留时间约为 4.0 min，六氯苯约为 11 min。

3. 空白实验

除不加试样外，按上述测定步骤进行。

五、结果分析

(1)用色谱数据处理机或按下式计算试样中二氯二甲吡啶酚残留含量：

$$X = \frac{c_s \times h \times h_{si} \times m_i}{c_{si} \times h_i \times h_s \times m} \tag{6-8}$$

式中，X——试样中二氯二甲吡啶酚残留量，mg/kg；

c_s——标准工作溶液中二氯二甲吡啶酚的浓度，μg/mL；

c_{si}——标准工作溶液中六氯苯的浓度，μg/mL；

h——样液中二氯二甲吡啶酚乙酯的峰高，mm；

h_i——样液中六氯苯的峰高，mm；

h_s——标准工作溶液中二氯二甲吡啶酚乙酯的峰高，mm；

h_{si}——标准工作溶液中六氯苯的峰高，mm；

m_i——样液中的六氯苯添加量，μg；

m——最终样液所代表的样品质量，g。

注意：计算结果需扣除空白值。

(2)测定低限、回收率。

本方法测定低限为 0.005 mg/kg。

回收率的实验数据：二氯二甲吡啶酚添加浓度在 0.005～0.050 mg/kg 范围内，回收率为 77.0%～100.0%。

第八节　溶剂残留量检验

一、原理和方法

目前，我国食用植物油制取工艺主要有压榨法和浸出法两种。浸出法是指用易挥发的有机溶剂淋洗已被粉碎的原料,使油脂溶解在有机溶剂中,然后把混合液在一定温度和真空度下进行蒸馏,使溶剂和油脂分离而得到植物油的方法。由于该方法所得的植物油收率较高,故广泛应用在花生油、大豆油、菜籽油等食用植物油加工中。但是植物油中残留的溶剂会对植物油的品质造成不利的影响,长期食用残留溶剂超标的油脂还会危害人体健康。因此,国家在食用植物油的卫生标准中规定残留溶剂不得超过 50 mg/kg,在食品标签上还必须标注生产工艺,即压榨法或浸出法。

食用油残留溶剂含量过高,不但会降低油脂卫生品质,还会给消费者的健康带来危害。主要破坏人的中枢神经系统,吸入过多会引起头昏、头痛、过度兴奋而失去知觉,致毒浓度为 25～30 mg/L。另外,在生产上还增加了溶剂消耗量,给企业造成经济负担。

残留溶剂的检出限为 0.10 mg/kg。

将植物油试样放入密封的平衡瓶中,在一定温度下,使残留溶剂气化达到平衡时,取液上气体注入气相色谱中测定,与标准曲线比较定量。

二、设备和材料

1. 设备

气化瓶(顶空瓶)(图 6-8):体积为 100～150 mL,具塞。

气密性实验:把 1 mL 己烷放入瓶中,密塞后放入 60℃热水中 30 min(密封处无气泡外漏)。

气相色谱仪:带氢火焰离子化检测器。

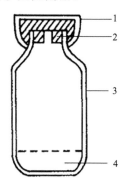

图 6-8　气化装置图

1. 铝盖;2. 橡胶塞;3. 输液瓶;4. 试样

2. 材料

(1) N-N-二甲基乙酰胺(DMA):吸取 1.0 mL DMA 放入 100～150 mL 顶空瓶中,在 50℃放置 0.5 h,取液上气体 0.10 mL 注入气相色谱仪,在 0～4 min 内无

干扰即可使用。如有干扰,可用超声波处理 30 min 或通入氮气用曝气法蒸去干扰。

(2)六号溶剂标准溶液:称取洗净干燥的具塞 20~25 mL 气化瓶的质量为 m_1,瓶中放入比气化瓶体积少 1 mL 的 DMA 密塞后称量为 m_2,用 1 mL 的注射器取约 0.5 mL 六号溶剂标准溶液通过塞注入瓶中(不要与溶液接触),混匀,准确称量为 m_3。用式(6-9)计算六号溶剂油的浓度:

$$X = \frac{m_3 - m_2}{(m_2 - m_1)/0.935} \times 1000 \tag{6-9}$$

式中,X——六号溶剂的浓度,mg/mL;

　　　　m_1——瓶和塞的质量,g;

　　　　m_2——瓶、塞和 DMA 的质量,g;

　　　　$m_3 - m_2$——加六号溶剂的质量,g;

　　　　0.935——DMA 在 20℃时的密度,g/mL。

三、操作方法

1. 气相色谱参考条件

色谱柱:不锈钢柱,内径 3 mm,长 3 m,内装涂有 5% DEGS 的白色担体 102(60~80)目。

检测器:氢火焰离子化检测器。

柱温:60 ℃。

气化室温度:140 ℃。

载气(N_2):30 mL/min。

氢气:50 mL/min。

空气:500 mL/min。

2. 测定

称取 25.00 g 的食用油样,密塞后于 50℃恒温箱中加热 30 min,取出后立即用微量注射器或注射器吸取 0.10~0.15 mL 液上气体(与标准曲线进样体积一致)注入气相色谱,记录单组分或多组分(用归一化法)测量峰高或峰面积,与标准曲线比较,求出液上气体六号溶剂的含量。

3. 标准曲线的绘制

取预先在气相色谱仪上测试六号溶剂量较低的油为曲线制备的体底油(或经 70℃开放式赶掉大部分残留溶剂的食用油或压榨油),分别称取 25.00 g 放入 6 支气化瓶中,密塞。通过塞子分别注入六号溶剂标准液 0 μL、20 μL、40 μL、60 μL、80 μL、100 μL(含量分别为 0μg, 0.02×Xμg, …, 0.10×Xμg,其中,X 为六号溶剂的浓度)。放入 50℃烘箱中,平衡 30 min,分别取液上气体注入色谱,各响应值扣除空白值后,绘制标准曲线(多个色谱峰用归一法计算)。

四、结果分析

(1)油样中六号溶剂的含量按式(6-10)进行计算。

$$X = \frac{m_1 \times 1000}{m_2 \times 1000} \tag{6-10}$$

式中,X——油样中六号溶剂的含量,mg/kg;

　　m_1——测定气化瓶中六号溶剂的质量,μg;

　　m_2——试样质量,g。

计算结果保留三位有效数字。

(2)精密度。在重复性条件下获得的两次独立测定结果的绝对差值不得超过算术平均值的 15%。

第九节　甲醇和高级醇类

一、原理和方法

甲醇有毒,喝了含有甲醇的酒,会引起双眼失明,严重时会危及生命。我国规定,白酒中甲醇含量不能超过 0.04 g/100 mL。

白酒中的高级醇是指碳链比乙醇长的醇类,其中主要是异丁醇和异戊醇,在水溶液里呈油状,所以又称杂醇油。各种高级醇都有各自的香气和口味,是构成白酒的香气成分之一。多数高级醇味似乙醇,但有些醇有苦味或涩味。因此白酒中高级醇的含量必须适当,不能过高,否则将带来苦涩怪味。但是,如果白酒中根本没有高级醇或其含量过少,酒味将会十分淡薄。白酒中醇、酯、酸的比例也要适当,通常质量较好的白酒,高级醇∶酯∶酸=1.5∶2∶1 较为适宜。

多元醇在白酒中呈甜味。白酒中的多元醇类,以甘露醇(即己六醇)的甜味最浓。多元醇在酒内可起缓冲作用,使白酒更加丰满醇厚。多元醇是酒醅内酵母乙醇发酵的副产物。酒醅的低温发酵有利于这些醇甜物质的生成,发酵缓些,发酵期长些,多元醇的积累也会较高。

利用不同醇类在氢火焰中的化学电离进行检测,根据峰高与标准比较定量。

检出限:正丙醇、正丁醇 0.2 mg;异戊醇、正戊醇 0.15 mg;仲丁醇、异丁醇 0.22 mg。

二、设备和材料

1. 设备

载体：GDX-102(60～80目)，气相色谱用；气相色谱仪：具有氢火焰离子化检测器；微量进样注射器：1 μL、50 μL。

2. 材料

甲醇；正丙醇；仲丁醇；异丁醇；正丁醇；异戊醇；乙酸乙酯；均为色谱纯。

3. 试剂的配制

无甲醇、高级醇乙醇：取 0.1 mL 按分析步骤检查不显色，如显色需进行处理。取中间馏出液，加入 0.25 g 盐酸间苯二胺，加热回流 2 h，用分馏柱控制沸点进行蒸馏，收集中间馏出液 100 mL，再取 0.1 mL 按分析步骤测定不显色即可，并测其酒精度，取 0.5 μL 进样，无杂峰出现即可。

4. 标准溶液的配制

标准溶液：分别准确称取甲醇、正丙醇、仲丁醇、异丁醇、正丁醇、异戊醇各 600 mg 及 800 mg 乙酸乙酯，以少量水洗入 100 mL 容量瓶中，并加水稀释至刻度，置冰箱保存。

标准使用液：吸取 10.0 mL 标准溶液于 100 mL 容量瓶中，加入一定量处理后的乙醇定容后，控制乙醇含量在 60%，并加水稀释至刻度。此溶液储存于冰箱备用(或根据仪器灵敏度配制)。

三、操作方法

色谱参考条件：

色谱柱：长 2 m，内径 4 mm，玻璃柱或不锈钢柱；

固定相：GDX-102，60～80 目；

气化室温度：190℃；

检测器温度：190℃；

柱温：170℃；

载气(N_2)流速：40 mL/min；

氢气(H_2)流速：40 mL/min；

空气流速：450 mL/min；

进样量：0.5 μL。

1. 定性

以各组分保留时间定性。吸取标准使用液和样液各 0.50 μL，分别测得保留时间，试样与标准出峰时间对照而定性。

2. 定量

进 0.5 μL 标准使用液，制得色谱图，分别量取各组分峰高。进 0.50 μL 试样，制得色谱图，分别量取峰高，与标准峰高比较计算。

四、结果分析

(1)高级醇中异丁醇、异戊醇总量计算见式（6-11）。

$$X = \frac{h_1 \times A \times V_1}{h_1 \times V_2 \times 1000} \times 100 \tag{6-11}$$

式中，X——试样中某组分的含量，　g/100 mL；

　　　A——进样标准中某组分的含量，　mg/ mL；

　　　h_1——试样中某组分的峰高，　mm；

　　　h_2——标准中某组分的峰高，　mm；

　　　V_2——试样液进样量，μL；

　　　V_1——标准液进样量，μL。

计算结果保留两位有效数字。

(2)精密度。在重复性条件下获得的两次独立测定结果的绝对差值不得超过算术平均值的 20%。

参 考 文 献

曹环礼. 2009. 气相色谱技术的研究进展及其应用. 广东化工, 08: 100-120.

苏凤仙. 2006. 气相色谱技术的新进展及应用. 合成技术及应用, 03: 30-34.

杨海鹰. 2005. 气相色谱技术在石化分析中的应用进展. BCEIA2005 分析仪器应用技术报告会论文集. 中国分析测试协会.

GB 5009. 267—2016 食品安全国家标准 食品中碘的测定, 2016.

GB/T 22338—2008 动物源性食品中氯霉素类药物残留量测定, 2008.

GB/T 5009. 19—2008 食品中有机氯农药多组分残留量的测定, 2008.

GB/T 5009. 192—2003 动物性食品中克伦特罗残留的测定, 2003.

GB/T 5009. 20—2003 食品中有机磷农药残留量的测定, 2003.

GB/T 5009. 37—2003 食用植物油卫生标准的分析方法, 2003.

GB/T 5009. 48—2003 蒸馏酒与配制酒卫生标准, 2003.

SN 0349—1995 出口肉及肉制品中左旋咪唑残留量检验方法气相色谱法, 1995.

SN/T 0212. 3—1993 出口禽肉中二氯二甲吡啶酚残留量检测方法 丙酰化-气相色谱法, 1993.

第七章　高效液相色谱与液相色谱-质谱联用法

一、方法原理

高效液相色谱(high performance liquid chromatography，HPLC)法是在经典液相色谱法的基础上发展起来的。高效液相色谱法是在高压条件下溶于流动相(mobile phase)中的各组分经过固定相(stationary phase)时由于与固定相发生作用(吸附、分配、离子吸引、排阻、亲和)的大小、强弱不同，其在固定相中滞留时间不同，从而先后从固定相中流出。

二、研究进展

随着化工和各大分析技术的发展，高效液相色谱的各种性能也得到了很好的提高。目前，高效液相色谱的发展主要分为两个方面，一方面是提高柱效，另一方面是优化检测方法。

近年来，在提高柱效方面有几种新型的仪器正在被推广使用。如 Waters 公司推出的 Waters ACQUITY™UPLC 超高效液相色谱系统(ultra-performance liquid chromatography，UPLC)、安捷伦公司推出的 Agilent 1200 系列高效快速液相色谱系统(rapid resolution liquid chromatography，RRLC)、超快速液相色谱(ultra fast liquid chromatography，UFLC)等，这些新型的系统与传统的 HPLC 比较，在填料方面有了很大的突破。传统的色谱柱填料粒度一般为 5 μm，而这些新型的 UPLC/RRLC/UFLC 填料粒度在 2 μm 左右。根据荷兰学者 Van Deemter 提出的著名的色谱过程动力学理论——速率理论，减小柱填料粒径，能够相对提高柱效。

现代分析技术的发展，使得 HPLC 在与各大光谱联用时的准确度、精密度有了较大的提高。检测器可以形象地被比喻为高效液相色谱的"眼睛"。常用的检测器有紫外-可见检测器(UV-VIS)、光电二极管阵列检测器(PDA)、荧光检测器(FLD)、电化学检测器(ECD)、蒸发激发光散射检测器(ELSD)、质谱(MS)等。

第一节　己　烯　雌　酚

一、原理和方法

己烯雌酚是人工合成的非甾体雌激素物质，能产生与天然雌二醇相同的所有药理与治疗作用，主要用于雌激素低下症及激素平衡失调引起的功能性出血、闭经，还可用于死胎引产前提高子宫肌层对催产素的敏感性。

检测意义：己烯雌酚是一种致癌物质，过量使用会对人体健康产生严重危害，甚至可诱发人体产生癌变。己烯雌酚能够在动物源性食品如肝脏、肌肉、蛋、奶中残留，并通过食物链引发动物和人的癌变，引起少儿的发育早熟及男子女性化。己烯雌酚对人类和环境的危害是显而易见的，由于使用己烯雌酚带来的经济利益显著，因此，违法滥用己烯雌酚的现象仍然存在。己烯雌酚是一种人工合成的雌性激素，因其残留对人体和环境有明显的危害，对相关产品中己烯雌酚残留的检测受到世界各国共同关注。因此，发展针对己烯雌酚残留的简便、快速、灵敏的检测方法是非常必要的，是有效遏制滥用己烯雌酚的重要技术手段和维护法规制度的必要保障。

本方法适用于新鲜鸡肉、牛肉、猪肉、羊肉中己烯雌酚残留量的测定，检出限为 0.25 mg/kg。

试样匀浆后，经甲醇提取过滤，注入高效液相色谱柱中，经紫外检测器鉴定，于 230 nm 波长处测定吸光度，同条件下绘制工作曲线，己烯雌酚含量与吸光度在一定浓度范围内成正比，试样与工作曲线比较定量。

二、设备和材料

1. 设备

高效液相色谱仪（具紫外检测器），小型绞肉机，小型粉碎机，电动振荡机，离心机。

2. 材料

甲醇（色谱纯），磷酸（优级纯），磷酸二氢钠（优级纯）。

3. 试剂的配制

(1)0.043 mol/L 磷酸二氢钠($NaH_2PO_4 \cdot 2H_2O$)：取 1 g 磷酸二氢钠溶于水并稀释至 500 mL。

(2)己烯雌酚(DES)标准溶液：精确称取 100 mg 己烯雌酚(DES)溶于甲醇，移入 100 mL 容量瓶中，加甲醇至刻度，混匀，每毫升含 DES 1.0 mg，储存于冰箱中。

(3)己烯雌酚(DES)标准使用液：吸取 10.00 mL DES 储备液，移入 100 mL 容量瓶中，加甲醇至刻度，混匀，每毫升含 DES 100 μg。

三、操作方法

1. 提取及净化

称取(5±0.1)g 绞碎(小于 5 mm)肉试样，放入 50 mL 具塞离心管中，加入

10 mL 甲醇，充分搅拌，振荡 20 min，以 3000 r/min 离心 10 min，将上清液移出，残渣中再加入 10 mL 甲醇，混匀后振荡 20 min，以 3000 r/min 离心 10 min，合并上清液（此时若出现混浊，需再离心 10 min），取上清液过 0.45 μm 有机滤膜，备用。

2. 色谱条件

紫外检测器：检测波长 230 nm，灵敏度 0.04 AUFS；

流动相：甲醇-0.043 mol/L 磷酸二氢钠（70：30），用磷酸调 pH=5（其中 $NaH_2PO_4 \cdot 2H_2O$ 水溶液需过 0.45 μm 滤膜）；

流速：1 mL/min；

进样量：20 μL；

色谱柱：C_{18} 柱。

3. 标准曲线绘制

称取 5 份（每份 5.0 g）绞碎的肉试样，放入 50 mL 具塞离心管中，分别加入不同浓度的标准液（6.0 μg/mL，12.0 μg/mL，18.0 μg/mL，24.0 μg/mL）各 1.0 mL，同时做空白对照。其中甲醇总量为 20.00 mL，使其测定浓度分别为 0.00 μg/mL，0.30 μg/mL，0.60 μg/mL，0.90 μg/mL，1.20 μg/mL，按 1 处理方法提取备用。

4. 测定

分别取样 20 μL，注入 HPLC 柱中，可测得不同浓度 DES 标准溶液峰高，以 DES 浓度对峰高绘制工作曲线，同时取样液 20 μL 注入高效液相色谱柱中，测得的峰高从工作曲线图中查相应含量，R_t=8.235。

四、结果分析

试样中己烯雌酚含量按式（7-1）计算：

$$X = \frac{A \times 1000}{m \times \dfrac{V_2}{V_1}} \times \frac{1}{1000} \tag{7-1}$$

式中，X——试样中己烯雌酚含量，mg/kg；

　　　A——进样体积中己烯雌酚含量，ng；

　　　m——试样的质量，g；

　　　V_2——进样体积，μL；

　　　V_1——试样甲醇提取液总体积，mL。

第二节　土霉素、四环素、金霉素

一、原理和方法

土霉素为淡黄色片或糖衣片，属于四环素类，可用于治疗立克次体病，包括流行性斑疹伤寒、地方性斑疹伤寒、落基山热、恙虫病和 Q 热、支原体属感染和衣原体属感染等疾病。

四环素为广谱抑菌剂，高浓度时具有杀菌作用，对革兰氏阳性菌、阴性菌、立克次体、滤过性病毒、螺旋体属乃至原虫类都有很好的抑制作用；对结核菌、变形菌等则无效。有副作用。

金霉素又称氯四环素，其抗菌谱与四环素相似，对革兰氏阳性球菌，特别是葡萄球菌、肺炎球菌有效。因为副作用大，目前只能外用，用于治疗结膜炎、沙眼等。金霉素作用机制为药物能特异性与细菌核糖体 30S 亚基的 A 位置结合，抑制肽链的增长和影响细菌蛋白质的合成。

检测意义：土霉素、四环素、金霉素是畜禽动物饲养中常用的抗生素，时常添加到动物饲料中，以促进动物生长，预防、治疗动物某种疾病，若使用不当或过量使用会导致组织中抗生素残留，对健康造成危害。为此，世界各国对畜禽肉规定了严格的抗生素残留限量。因此，对土霉素、四环素、金霉素的检测就显得尤为重要。

本方法检出限：土霉素 0.15 mg/kg，四环素 0.20 mg/kg，金霉素 0.65 mg/kg。

试样经提取、微孔滤膜过滤后直接进样，用反相色谱分离，紫外检测器检测，出峰顺序为土霉素、四环素、金霉素。用标准加入法定量。

二、设备和材料

1. 设备

高效液相色谱仪（HPLC）：具紫外检测器。

2. 材料

乙腈（色谱纯），5%高氯酸溶液，磷酸二氢钠（优级纯），盐酸，硝酸。

3. 试剂的配制

（1）0.01 mol/L 磷酸二氢钠溶液：称取 7.80 g（精确到±0.01 g）磷酸二氢钠（$NaH_2PO_4 \cdot 2H_2O$）溶于蒸馏水中，定容到 500 mL，经微孔滤膜（0.45 μm）过滤，备用。

(2) 土霉素标准溶液：称取土霉素 0.0100 g(精确到±0.0001 g)，用 0.1 mol/L 盐酸溶液溶解并定容至 10.00 mL，每毫升此溶液含土霉素 1mg。

(3) 四环素标准溶液：称取四环素 0.0100 g(精确到±0.0011 g)，用 0.01 mol/L 盐酸溶液溶解并定容至 10.00 mL，每毫升此溶液含四环素 1 mg。

(4) 金霉素标准溶液：称取金霉素 0.0100 g(精确到±0.0001 g)，溶于蒸馏水并定容至 10.00 mL，每毫升此溶液含金霉素 1 mg。

以上标准品均按 1000 单位/mg 折算。以上溶液应于 4℃以下保存，可使用 1 周。

4. 标准溶液的配制

混合标准溶液：取土霉素、四环素标准溶液各 1.00 mL，取金霉素标准溶液 2.00 mL，置于 10 mL 容量瓶中，加蒸馏水至刻度。每毫升此溶液含土霉素、四环素各 0.1 mg，金霉素 0.2 mg，临用时现配。

三、操作方法

1. 色谱条件

色谱柱：ODS-C_{18}(5μm)6.2 mm × 15 cm；

检测波长：355 nm；

灵敏度：0.002AUFS；

柱温：室温；

流速：1.0 mL/min；

进样量：10 μL；

流动相:乙腈-0.01 mol/L 磷酸二氢钠溶液(用30%硝酸溶液调节 pH 2.5)=35：65，使用前用超声波脱气 10 min。

2. 试样测定

称取 5.00 g(±0.01 g)切碎的肉样(<5 mm)，置于 50 mL 锥形瓶中，加入 5% 高氯酸 25.0 mL，于振荡器上振荡提取 10 min，移入离心管中，以 4000 r/min 离心 10 min，取上清液经 0.45 μm 滤膜过滤，取溶液 10 μL 进样，记录峰高，从工作曲线上查得含量。

3. 工作曲线

分别称取 7 份切碎的肉样，每份 5.00 g(精确到±0.01 g)，分别加入混合标准溶液 0μL、25μL、50μL、100μL、150μL、200μL、250 μL(各含土霉素、四环素 0μg、2.5μg、5.0μg、10.0μg、15.0μg、20.0μg、25.0 μg；含金霉素 0μg、5.0μg、10.0μg、20.0μg、30.0μg、40.0μg、50.0 μg)，按 2 方法操作，以峰面积为纵坐标，以抗生素含量为横坐标，绘制工作曲线。

四、结果分析

(1)结果计算:

$$X = \frac{A \times 1000}{m \times 1000} \tag{7-2}$$

式中,X——试样中抗生素含量,mg/kg;

A——试样溶液测得抗生素质量,μg;

m——试样质量,g。

(2)精密度。在重复性条件下获得的两次独立测定结果的绝对差值不得超过算术平均值的10%。

第三节　烟酸和烟酰胺

一、原理和方法

烟酸也称维生素 B_3 或维生素 PP,在人体内还包括其衍生物烟酰胺。烟酸和烟酰胺都是吡啶的衍生物,二者在体内可相互转化。它是人体必需的 13 种维生素之一,是一种水溶性维生素,属于维生素 B 族。烟酰胺是辅酶 I 和辅酶 II 的组成部分,缺乏时可影响细胞的正常呼吸和代谢而引起糙皮病。胃肠道易吸收本品,吸收后分布到全身组织,经肝脏代谢,仅少量以原形自尿液排出,用于补充营养及治疗舌炎、皮炎等。

烟酸和烟酰胺是婴幼儿配方米粉和乳制品中重要的营养成分,它与蛋白质的代谢及儿童智力发育关系密切,对婴幼儿成长发育起着重要作用。因此,生产商会在婴幼儿配方乳制品中添加烟酸和烟酰胺等多种维生素以满足婴幼儿营养需要。为确保婴幼儿配方乳制品中维生素符合产品标准要求,保障消费者利益,有必要建立快速、高效、准确的检测方法。

高蛋白样品经沉淀蛋白质,高淀粉样品经淀粉酶酶解,在弱酸性环境下超声波振荡提取,以 C_{18} 色谱柱分离,在紫外检测器 261nm 波长处检测,根据色谱峰的保留时间定性,外标法定量,计算试样中烟酸和烟酰胺含量。

二、设备和材料

1. 设备

高效液相色谱仪,带紫外检测器;pH 计:精度为 0.01;超声波振荡器;天平:感量为 0.1 mg;培养箱:30～80℃。

2. 材料

淀粉酶：酶活力≥1.5U/mg；盐酸；氢氧化钠；高氯酸($HClO_4$)：体积分数为60%；甲醇(CH_4O)：色谱纯；异丙醇(C_3H_8O)：色谱纯；庚烷磺酸钠($C_7H_{15}NaO_3S$)：优级纯。

3. 试剂的配制

(1)盐酸(2.4 mol/L)：准确移取 10 mL 盐酸于 50 mL 容量瓶中，用水定容。

(2)氢氧化钠溶液(2.5mol/L)：称取 5.0 g 氢氧化钠于 50 mL 容量瓶中，用水定容。

4. 标准溶液配制

(1)烟酸及烟酰胺标准储备液(400 μg/mL)：称取烟酸及烟酰胺标准品各0.004 g(精确到 0.0001 g)，分别置于 10 mL 容量瓶中，用水溶解定容。

(2)烟酸及烟酰胺混合标准中间液(40 μg/mL)：分别准确吸取烟酸及烟酰胺标准储备液 1 mL 至 10 mL 定量瓶中，用水定容。临用前配制。

(3)烟酸及烟酰胺混合标准系列测定液：分别准确吸取烟酸及烟酰胺混合标准中间液 0.0 mL、0.2 mL、0.4 mL、1 mL、2 mL 至 10 mL 容量瓶中用水定容。该标准系列浓度分别为 0.00 μg/mL、0.80 μg/mL、1.60 μg/mL、4.00 μg/mL、8.00 μg/mL。临用前配制。

三、操作方法

1. 试样的预处理

(1)含淀粉的试样：称取混合均匀固体试样约 5.0 g(精确到 0.0001 g)加入约25 mL，45～50℃的水，或称取混合均匀液体试样约 20.0 g(精确到 0.0001 g)于150 mL 锥形瓶中，再加入约 0.5 g 淀粉酶，摇匀后向锥形瓶中充氮，盖上瓶塞，置于 50～60 ℃的培养箱内培养约 30 min，取出冷却至室温。

(2)不含淀粉的试样：称取混合均匀的固体试样约 5.0 g(精确到 0.0001 g)加入约 25 mL，45～50℃的水，或称取混合均匀液体试样约 20.0 g(精确到 0.0001 g)于 150 mL 锥形瓶中，振摇，静置 5～10 min，充分溶解，并冷却至室温。

(3)提取：将上述锥形瓶置于超声波振荡器中振荡约 10 min。

(4)沉淀及定容：待试样溶液降至室温后，用盐酸调节试样溶液的 pH 至1.7±0.1，放置约 2 min 后，再用氢氧化钠溶液调节试样溶液的 pH 至 4.5±0.1。将试样溶液转移至 50 mL 容量瓶中，用水反复冲洗锥形瓶，洗液合并于 50mL 容量瓶中，用水定容至刻度，混匀后经滤纸过滤，滤液再经 0.45 μm 微孔滤膜加压过滤，用试管收集，即为试样待测液。

2. 参考色谱条件

色谱柱：C_{18} 柱；

流动相：甲醇 70 mL，异丙醇 20 mL，庚烷磺酸钠 1 g，用 910 mL 水溶解并混匀后，用高氯酸调 pH 至 2.1 ± 0.1，经 0.45 μm 膜过滤；

流速：1.0 mL/min；

检测波长：261 nm；

柱温：25℃；

进样量：10 μL。

3. 定量分析

(1)标准曲线绘制：将烟酸及烟酰胺混合标准系列测定液依次进行色谱测定。记录各组分的色谱峰面积或峰高，以峰面积或峰高为纵坐标，以标准测定液的浓度为横坐标，绘制标准曲线。

(2)试样测定：对试样待测液进行色谱测定。记录各组分色谱峰面积或峰高，根据标准曲线计算出试样待测液中烟酸及烟酰胺各组分的浓度 C_i。

四、结果分析

1. 试样中烟酸或烟酰胺含量的计算

试样中烟酸或烟酰胺的含量按式(7-3)计算：

$$X_{1或2} = \frac{C_i \times V \times 100}{m} \tag{7-3}$$

式中，X_1 或 X_2——试样中烟酸或烟酰胺的含量，μg/100 g；

　　m——试样的质量，g；

　　C_i——试样待测液中烟酸或烟酰胺的浓度，μg/mL；

　　V——试样溶液的体积，mL。

2. 试样中维生素烟酸总含量的计算

试样中维生素烟酸的总含量按式(7-4)计算：

$$X = X_1 + X_2 \tag{7-4}$$

式中，X——试样中维生素烟酸的总含量，μg/100 g；

　　X_1——试样中烟酸的含量，μg/100 g；

　　X_2——试样中烟酰胺的含量，μg/100 g。

以重复性条件下获得的两次独立测定结果的算术平均值表示，结果保留两位有效数字。

3. 精密度

在重复性条件下获得的两次独立测定结果的绝对差值不得超过算术平均值的 10%。

第四节　糖分和有机酸

一、原理和方法

有机酸是一类具有酸性的有机化合物。最常见的有机酸是羧酸,其酸性源于羧基(—COOH)。磺酸(—SO₃H)、亚磺酸(RSOOH)、硫羧酸(RCOSH)等也属于有机酸。有机酸可与醇反应生成酯。葡萄酒中的有机酸主要包括酒石酸、苹果酸、柠檬酸、琥珀酸、乳酸、乙酸等。其中的乙酸是葡萄酒酿造、储存过程中的晴雨表,其含量过高表明已感染杂菌。酒石酸又名葡萄酸,是葡萄酒中含量较大的酸,它是抗葡萄呼吸氧化作用和抗酒中细菌作用的酸类,对葡萄着色与抗病有重要作用。酒石酸大部分以酒石酸钾、酒石酸氢钾形式存在,在发酵过程中以结晶形式析出,减少了酒石酸的浓度,其溶解度随温度降低而减小。

葡萄酒中的酸度主要由有机酸决定,有机酸的种类、浓度与葡萄酒的类型、品质优劣有很大关系,其能够调节酸碱度的平衡,影响葡萄酒的口感、色泽及生物稳定性:①有机酸影响食品的色、香、味及其稳定性;②食品中有机酸的种类和含量是判断其质量好坏的一个重要指标;③利用有机酸的含量与糖的含量之比,可判断某些果蔬的成熟度。

一定量的葡萄酒样品经阴离子固相萃取柱分离与纯化,将酒样中的糖、醇和有机酸分离,分别在色谱分离柱中,以稀硫酸溶液为流动相,再经示差折光和紫外检测器检测,分别对蔗糖、葡萄糖、果糖、甘油等糖醇和柠檬酸、酒石酸、苹果酸、琥珀酸、乳酸、乙酸等有机酸定量。

二、设备和材料

1. 设备

高效液相色谱仪:配有紫外检测器或二极管阵列检测器和色谱柱恒温箱;色谱分离柱: Fetigsaule RT 300-7,8; 强阴离子交换固相萃取柱: LC-SAX SPE(3 mL),或其他具有同等分析效果的固相萃取柱;固相萃取装置;微量注射器: 50 μL 或 100 μL;流动相真空抽滤脱气装置及 0.2 μm 或 0.45 μm 微孔膜。

2. 材料

甲醇(色谱纯)，1%氨水溶液，硫酸，氢氧化钠。

标准物质：柠檬酸，酒石酸，D-苹果酸，琥珀酸，乳酸，乙酸，蔗糖，葡萄糖，D-果糖，甘油。

3. 试剂配制

(1)糖、醇标准储备溶液：分别称取蔗糖、葡萄糖、果糖标准品各 0.05 g，精确至 0.0001 g，用超纯水定容至 50 mL，该溶液分别含蔗糖、葡萄糖、果糖 1g/L。

(2)甘油配制：称取甘油标准品 0.20 g，精确至 0.0001 g，用超纯水定容至 50 mL，该溶液甘油含量为 4 g/L。

(3)硫酸溶液(1%)：2 mL 浓硫酸加 198 mL 重蒸水。

(4)硫酸溶液(1.5 mol/L)：吸取浓硫酸 4.5 mL，用重蒸水定容至 100 mL。

(5)硫酸溶液(0.0015 mol/L)：准确吸取 1 mL 硫酸溶液，用重蒸水定容至 1000 mL。

(6)硫酸溶液(0.0075 mol/L)：吸取 5 mL 硫酸溶液，用重蒸水定容至 1000 mL。

(7)氢氧化钠溶液(8%)：称取 4 g 氢氧化钠，溶于 50 mL 水中。

4. 标准溶液配制

(1)糖、醇标准系列溶液：将各糖、醇标准储备溶液用超纯水稀释成含糖浓度为 0.05 g/L、0.10 g/L、0.20 g/L、0.40 g/L、0.80 g/L 和含甘油浓度为 0.20 g/L、0.40 g/L、0.80 g/L、1.60 g/L、3.20 g/L 的混合标准系列溶液。

(2)有机酸标准储备溶液：分别称取柠檬酸、酒石酸、苹果酸、琥珀酸、乳酸、乙酸各 0.05 g，精确至 0.0001 g，用超纯水定容至 50 mL，该溶液分别含柠檬酸、酒石酸、苹果酸、琥珀酸、乳酸、乙酸各 1 g/L。

(3)有机酸标准系列溶液：将各有机酸标准储备溶液用超纯水稀释成浓度为 0.05 g/L、0.10 g/L、0.20 g/L、0.40 g/L、0.80 g/L 的混合标准系列溶液。

三、操作方法

1. 固相萃取柱的活化

将固相萃取柱插在固相萃取装置上，加入 2~3 mL 甲醇，以慢速度下滴(约 4~6 滴/min)过柱，待快滴完时，加 2~3 mL 超纯水，继续慢速度下滴过柱，待即将滴完时再加入 2~3 mL 1%氨水，滴至液面高度为 1 mm 左右关上控制阀，切勿滴干。

2. 样品溶液的制备

将收集糖、醇的 10 mL 空容量瓶置于接取处,用微量移液枪准确吸取酒样 2 mL 加入固相萃取柱中。

1)第一步洗脱:糖醇的洗脱

以慢滴速度过柱,滴至液面高度为 1 mm 左右时,继续用 4 mL 超纯水分两次以慢速度下滴洗脱,将洗脱液全部收取在 10 mL 容量瓶中,取出容量瓶,用氢氧化钠溶液调节洗脱液 pH 至 6 左右,再用超纯水定容至 10 mL。洗脱液即作糖、醇分离样液。

2)第二步洗脱:有机酸的洗脱

将收集有机酸的 10 mL 容量瓶置于接取处,用 4 mL 1%硫酸溶液分两次继续以慢速度下滴洗脱,最后抽干柱中洗脱溶液,取出容量瓶,用氢氧化钠溶液调节 pH 至 6 左右,再用超纯水定容至 10 mL。洗脱液即作有机酸分离样液。

3)样品测定

(1)糖、醇的测定。

色谱条件:

色谱柱:Fetigsaule RT 300-7,8,或者其他具有同等分析效果的色谱柱;

柱温:30℃;

流动相:硫酸溶液(0.0015 mol/L);

流速:0.3 mL/min;

进样量:2 μL。

在测定前装上色谱柱,调柱温至 30℃,以 0.3 mL/min 的流速通入流动相平衡。待系统稳定后按上述色谱条件依次进样。

将糖、醇混合标准液系列溶液分别进样后,以标样浓度对峰面积作标准曲线。线性相关系数应为 0.9990 以上。

将样品溶液进样(样品中糖、醇的含量应控制在标准系列范围内)。根据保留时间定性,根据峰面积,以外标法定量。

(2)有机酸的测定。

色谱条件:

色谱柱:Fetigsaule RT 300-7,8,或者其他具有同等分析效果的色谱柱;

柱温:55℃;

流动相:硫酸溶液(0.0075 mol/L);

流速:0.3 mL/min;

检测波长:210 nm;

进样量:20 μL。

在测定前装上色谱柱，调柱温至55℃，以0.3 mL/min的流速通入流动相平衡。待系统稳定后按上述色谱条件依次进样。

将有机酸标准系列溶液分别进样后，以标样浓度对峰面积作标准曲线，线性相关系数应为0.999以上。

将样品溶液进样(样品中有机酸的含量应控制在标准系列范围内)。根据保留时间定性，根据峰面积，查标准曲线定量。

四、结果分析

(1)样品中各组分的含量按式(7-5)计算：

$$X_i = C_i \times F \qquad (7\text{-}5)$$

式中，X_i——样品中各组分的含量，g/L；

C_i——从标准曲线求得样品溶液中各组分的含量，g/L；

F——样品的稀释倍数。

所得结果保留至一位小数。

(2)精密度。在重复性条件下获得的两次独立测定结果的绝对差值不得超过算术平均值的10%。

第五节 葡萄酒中白藜芦醇的测定

一、原理和方法

白藜芦醇：白藜芦醇是多酚类化合物，主要来源于花生、葡萄(红葡萄酒)、虎杖、桑椹等植物。

白藜芦醇测定的意义：白藜芦醇是一种生物性很强的天然多酚类物质，又称为芪三酚，分子式 $C_{14}H_{12}O_3$，相对分子质量为288.25。近几年，越来越多的药理学实验表明，白藜芦醇对人体具有很多医疗保健作用，如清除自由基、阻止血小板凝聚、防止人体低密度脂蛋白(LDP)氧化、抗肿瘤等，因此引起了科学家的高度重视。

葡萄酒中白藜芦醇经过乙酸乙酯提取，Cle-4型柱净化，然后用HPLC法测定。

二、设备和材料

1. 设备

高效液相色谱仪，配有紫外检测器；旋转蒸发仪；色谱柱 ODS-C_{18}，或者其他具有同等分析效果的色谱柱；Cle-4 型净化柱（1.0 g/5 mL），或者其他具有同等分析效果的净化柱。

2. 材料

无水乙醇，95%乙醇，乙酸乙酯，甲醇(色谱纯)，氯化钠，乙腈(色谱纯)，反式白藜芦醇标准品，无水硫酸钠。

3. 试剂配制

反式白藜芦醇标准储备溶液(1.0 mg/mL)：称取 10.0 mg 反式白藜芦醇于 10 mL 棕色容量瓶中，用甲醇溶解并定容至刻度，存放在冰箱中备用。

4. 标准溶液的配制

(1)反式白藜芦醇标准系列溶液：将反式白藜芦醇标准储备溶液用甲醇稀释成 1.0 μg/mL、2.0 μg/mL、5.0 μg/mL、10.0 μg/mL 标准系列溶液。

(2)顺式白藜芦醇：将反式白藜芦醇标准储备溶液在 254 nm 波长下照射 30 min，然后按本方法测定反式白藜芦醇含量，同时计算转化率，得顺式白藜芦醇含量，按反式白藜芦醇配制方法配制顺式白藜芦醇标准系列溶液。

三、操作方法

1. 试样的制备

(1)葡萄酒中白藜芦醇的提取：取 20.0 mL 葡萄酒，加入 2.0 g 氯化钠溶解后，再加入 20.0 mL 乙酸乙酯振荡萃取，分离出有机相过无水硫酸钠，重复一次，在 50℃水浴中真空蒸发，氮气吹干。加 2.0 mL 无水乙醇溶解剩余物，移到试管中。

(2)先用 5 mL 乙酸乙酯淋洗 Cle-4 型净化柱，然后加样 2 mL，接着用 5 mL 乙酸乙酯淋洗除杂，然后用 10 mL 95%乙醇洗脱收集，氮气吹干，加 5 mL 流动相溶解。

2. 色谱条件

色谱柱：C$_{18}$柱；

柱温：室温；

流动相：乙腈：重蒸水=30：70；

流速：1.0 mL/min；

检测波长：306 nm；

进样量：20 μL。

在测定前装上色谱柱，以 1.0 mL/min 的流速通入流动相平衡。

3. 测定

待系统稳定后按上述色谱条件依次进样。

用顺、反式白藜芦醇标准系列溶液分别进样后，以标样浓度对峰面积作标准曲线。线性分析相关系数应为 0.999 以上。

将样品进样(样品中的白藜芦醇含量应在标准系列范围内)。根据标准品的保留时间定性分析样品中白藜芦醇的色谱峰。根据样品的峰面积，以外标法计算白藜芦醇的含量。

四、结果分析

(1)样品中白藜芦醇的含量按式(7-6)计算：

$$X_i = C_i \times F \tag{7-6}$$

式中，X_i——样品中白藜芦醇的含量，g/L；

C_i——从标准曲线求得样品溶液中白藜芦醇的含量，g/L；

F——样品的稀释倍数。

所得结果保留至一位小数(注：白藜芦酵的总含量为顺式、反式白藜芦醇之和)。

(2)精密度。在重复性条件下获得的两次独立测定结果的绝对差值不得超过算术平均值的 10%。

第六节　磺胺类药物

一、原理和方法

磺胺类药物在抗菌药物发展史上占有十分重要的地位。近年来抗生素和喹诺酮类药物的发展，使得磺胺类药物在临床上的使用量并不大，但随着细菌耐药性研究的进展，有关抗生素和喹诺酮类药物不良反应的报道逐渐增多，磺胺类药物又重新被人们认识。在兽医临床上，由于它价格低廉，疗效确实，使用越来越广泛。近年来，随着磺胺类新药合成量的增加，其毒副作用正在逐渐变小，而在动物体内代谢半衰期延长，它们在兽医治疗学上的重要性将被重新评价。

畜禽肉中十六种磺胺类药物残留量的测定意义：磺胺类药物在动物体内代谢时间较长，导致磺胺类药物的残留和富集，若经常食用的肉制品中含有磺胺类残留，则会危害人体健康。因此，畜禽肉中磺胺类残留的检测是食品安全防控的重要项目之一。磺胺二甲嘧啶等磺胺类药物在连续给药中能够诱发啮齿类动物甲状腺增生，并有致肿瘤倾向，磺胺类药物残留在人体中会使部分人群发生皮炎、白细胞减少、溶血性贫血和药物热。

液相色谱-串联质谱法测定了牛肉、羊肉、猪肉、鸡肉和兔肉中十六种磺胺类药物的残留量。本方法检出限：磺胺甲噻二唑为 2.5 μg/kg，磺胺乙酰、磺胺嘧啶、磺胺吡啶、磺胺二甲异噁唑、磺胺甲基嘧啶、磺胺氯哒嗪、磺胺-6-甲氧嘧啶、磺胺邻二甲氧嘧啶、磺胺甲基异噁唑为 5.0 μg/kg，磺胺噻唑、磺胺甲氧哒嗪、磺胺间二甲氧嘧啶为 10.0 μg/kg，磺胺对甲氧嘧啶、磺胺二甲嘧啶为 20.0 μg/kg，磺胺苯吡唑为 40.0 μg/kg。

畜禽肉中磺胺类药物残留用乙腈提取，离心后，上清液用旋转蒸发器浓缩近干，残渣用流动相溶解，并用正己烷脱脂后，样品溶液供液相色谱-串联质谱仪测定，外标法定量。

二、设备和材料

1. 设备

液相色谱-串联质谱仪：配有电喷雾离子源；匀质器；旋转蒸发器；液体混匀器；离心机；分析天平：感量 0.1 mg，0.01 g；移液器：1 mL，2 mL；鸡心瓶：100 mL；样品瓶：2 mL，带聚四氟乙烯旋盖；滤膜：0.2 μm。

2. 材料

乙腈：色谱纯；丙醇；正己烷；乙酸铵(优级纯)；无水硫酸钠：经 650 ℃灼烧 4 h，置于干燥器中备用；磺胺乙酰、磺胺甲噻二唑、磺胺二甲异噁唑、磺胺氯哒嗪、磺胺嘧啶、磺胺甲基异噁唑、磺胺噻唑、磺胺-6-甲氧嘧啶、磺胺甲基嘧啶、磺胺邻二甲氧嘧啶、磺胺吡啶、磺胺对甲氧嘧啶、磺胺甲氧哒嗪、磺胺二甲嘧啶、磺胺苯吡唑、磺胺间二甲氧嘧啶标准物质：纯度≥99 %。

3. 试剂的配制

(1)十六种磺胺标准储备溶液：准确称取适量的每种磺胺标准物质，用甲醇配成 0.1 mg/mL 的标准储备溶液。该溶液在 4℃保存，可使用两个月。

(2)基质混合标准工作溶液：根据每种磺胺的灵敏度和仪器线性范围用空白样品提取液配成不同浓度的基质混合标准工作溶液，基质混合标准工作溶液在 4℃温度下保存，可使用一周。

三、操作方法

1. 试样的制备

从全部样品中取出有代表性的样品约 1 kg，充分搅碎，混匀，均分成两份，分别装入洁净的容器内。密封作为试样，标明标记。在抽样和制样的操作过程中，应防止样品受到污染或发生残留物含量的变化。

2. 试样保存

将试样于-18℃冷冻保存。

3. 样品制备

称取 5 g 试样，精确至 0.01 g，置于 50 mL 离心管中，加入 20 g 无水硫酸钠和 20 mL 乙腈，均质 2 min，以 3000 r/min 离心 3 min。上清液倒入 100 mL 鸡心瓶中，残渣中再加入 20 mL 乙腈，重复上述操作一次。合并提取液，向鸡心瓶中加入 10 mL 异丙醇，用旋转蒸发器于 50℃水浴蒸干，准确加入 1 mL 流动相和 1 mL 正己烷溶解残渣。转移至 5 mL 离心管中，涡旋 1 min，以 4000 r/min 离心 10 min，吸取上层正己烷弃去，再加入 1 mL 正己烷，重复上述步骤，直至下层水相变成透明液体。按上述操作步骤制备样品空白提取液。取下层清液，过 0.2 μm 滤膜后，用液相色谱-串联质谱仪测定。

4. 色谱测定

液相色谱条件：

(1)色谱柱：C_{18}，1.8 μm，50 mm×2.1 mm (内径)或相当者。

(2)流动相：乙腈-0.01 mol/L 乙酸铵溶液(12∶88)。

(3)流速：0.4 mL/min。

(4)柱温：35℃。

(5)进样量：5 μL。

质谱条件：

(1)离子源：电喷雾离子源。

(2)扫描方式：正离子扫描。

(3)检测方式：多反应监测。

(4)电喷雾电压：5500 V。

(5)雾化气压强：0.076 MPa。

(6)气帘气压强：0.069 MPa。

(7)辅助气流速：6 L/min。

(8)离子源温度：350℃。

(9)定性离子对、定量离子对、碰撞气能量和去簇电压见表 7-1。

表 7-1　十六种磺胺的定性离子对、定量离子对、碰撞气能量和去簇电压

中文名称	定性离子对(m/z)	定量离子对(m/z)	碰撞气能量/V	去簇电压/V
磺胺乙酰	215/156 215/108	215/156	18 28	40 45

续表

中文名称	定性离子对 (m/z)	定量离子对 (m/z)	碰撞气能量/V	去簇电压/ V
磺胺甲噻二唑	271/156 271/107	271/156	20 32	50 50
磺胺二甲异噁唑	268/156 268/113	268/156	20 23	45 45
磺胺氯哒嗪	285/156 285/108	285/156	23 35	50 50
磺胺嘧啶	251/156 251/185	251/156	23 27	55 50
磺胺甲基异噁唑	254/156 254/147	254/156	23 22	50 45
磺胺噻唑	256/156 256/107	256/156	22 32	55 47
磺胺-6-甲氧嘧啶	281/156 281/215	281/156	25 25	65 50
磺胺甲基嘧啶	265/156 265/172	265/156	25 24	50 60
磺胺邻二甲氧嘧啶	311/156 311/108	311/156	31 35	70 55
磺胺吡啶	250/156 250/184	250/156	25 25	50 60
磺胺对甲氧嘧啶	281/156 281/215	281/156	25 25	65 50
磺胺甲氧哒嗪	281/156 281/215	281/156	25 25	65 50
磺胺二甲嘧啶	279/156 279/204	279/156	22 20	55 60
磺胺苯吡唑	315/156 315/160	315/156	32 35	55 55
磺胺间二甲氧嘧啶	311/156 311/218	311/156	31 27	70 70

5. 液相色谱-串联质谱测定

用混合标准工作溶液分别进样，以工作溶液浓度(ng/mL)为横坐标，峰面积为纵坐标，绘制标准工作曲线。用标准工作曲线对样品进行定量，样品溶液中十六种磺胺的响应值均应在仪器测定的线性范围内。在上述色谱条件和质谱条件下，十六种磺胺的参考保留时间见表7-2。

表 7-2 十六种磺胺参考保留时间

药物名称	保留时间/min	药物名称	保留时间/min
磺胺乙酰	2.61	磺胺甲基嘧啶	9.93
磺胺甲噻二唑	4.54	磺胺邻二甲氧嘧啶	11.29
磺胺二甲异噁唑	4.91	磺胺吡啶	11.62
磺胺嘧啶	5.20	磺胺对甲氧嘧啶	12.66
磺胺氯哒嗪	6.54	磺胺甲氧哒嗪	17.28
磺胺甲基异噁唑	8.41	磺胺二甲嘧啶	17.95
磺胺噻唑	9.13	磺胺苯吡哇	22.29
磺胺-6-甲氧嘧啶	9.48	磺胺间二甲氧嘧啶	28.97

6. 平行实验

按以上步骤，对同一试样进行平行实验测定。

7. 空白实验

除不称取样品外，均按上述步骤进行。

四、结果分析

结果按式(7-7)计算：

$$X = c \times \frac{V}{m} \times \frac{1}{1000} \tag{7-7}$$

式中，X——试样中被测组分残留量，$\mu g/kg$；

$\quad c$——从标准工作曲线得到的被测组分溶液浓度，ng/mL；

$\quad V$——试样溶液定容体积，mL；

$\quad m$——试样溶液所代表试样的质量，g。

第七节 硝基呋喃类药物

一、原理和方法

硝基呋喃类药物是一种广谱抗生素，对大多数革兰氏阳性菌和革兰氏阴性菌、真菌和原虫等病原体均有杀灭作用。它们作用于微生物酶系统，抑制乙酰辅酶 A，干扰微生物糖类的代谢，从而起抑菌作用。硝基呋喃类药物主要被广泛应用于畜禽及水产养殖业，以治疗由大肠杆菌或沙门氏菌所引起的肠炎、疖疮、赤鳍病、溃疡病等。

检测意义：长时间或大剂量应用硝基呋喃类药物，均能对动物体产生毒性作用，其中呋喃西林的毒性最大。兽医临床上经常出现有关畜禽类呋喃西林、呋喃唑酮中毒的事件。呋喃它酮为强致癌性药物，呋喃唑酮可诱导鱼的肝脏发生肿瘤。

硝基呋喃类药物在动物体内的半衰期短，代谢速度非常快，但其代谢产物能够与组织蛋白质紧密结合，以结合态形式在体内残留较长时间，且毒性更强，是硝基呋喃类药物的标记残留物，若水产品体内有大量的呋喃药物残留，会使人产生耐药性，在临床中降低此类药物的治疗效果，并且此类药物残留对人体也有致癌、致畸胎等副作用。因此通过检测动物源性食品中硝基呋喃类药物代谢物的残留量对保证食品安全具有十分重要的意义。

在当今社会，食品安全是人民生活中的一大重要问题。在人们的日常生活中，畜禽、水产类又是不可缺少的必要食物来源，因此通过检测动物源性食品中硝基呋喃类药物代谢物的残留量可以更加准确地了解现在肉源性食物的安全性，让人们食用到放心的肉类。

由于硝基呋喃类药物及其代谢物对人体有致癌、致畸胎的副作用，因此国内外对其都非常重视。1990 年 7 月，欧盟颁布 2377/90/EEC 条例，将硝基呋喃类药物及其代谢产物列为 A 类禁用药物；1995 年起，欧盟(European Union)禁止硝基呋喃类抗菌剂供食用的畜禽及水产动物使用，并严格执行对输入的食用鱼、虾及禽类进行硝基呋喃的残留检测，2002 年美国也起而效尤；我国农业部文件：农牧发〔2002〕1 号规定食品性动物中呋喃唑酮为不得检出。呋喃唑酮、呋喃妥因也在 1995 年被禁用。中华人民共和国国家卫生和计划生育委员会于 2010 年 3 月 22日将硝基呋喃类药物呋喃唑酮、呋喃它酮、呋喃妥因、呋喃西林列入可能违法添加的非食用物质黑名单。

本方法适用于肌肉、内脏、鱼、虾、蛋、奶、蜂蜜和肠衣中硝基呋喃类药物代谢物 3-氨基-2-噁唑酮、5-吗啉甲基-3-氨基-2-噁唑烷基酮、1-氨基-乙内酰脲和氨基脲残留量的定性确证和定量测定。

样品经盐酸水解，邻硝基苯甲醛过夜衍生，调 pH=7.4 后，用乙酸乙酯提取，正己烷净化。分析物采用高效液相色谱-串联质谱定性检测，采用稳定同位素内标法进行定量测定。

二、设备和材料

(一)设备

微孔滤膜：0.20 μm，有相机；氮气：纯度≥99.999 %；氩气：纯度≥99.999 %；液相色谱-串联质谱仪：配备电喷雾离子源(ESI)；组织捣碎机；分析天平：感量

0.0001 g，0.01 g；均质器：10000 r/min；振荡器；恒温箱；pH 计：测量精度±0.02 pH 单位；离心机：10000 r/min；氮吹仪；漩涡混合器；容量瓶：1 L，100 mL，10 mL；具塞塑料离心管：50 mL；刻度管：10 mL；移液枪：5 mL，1 mL，100 μL。

（二）材料

甲醇：高效液相色谱级；乙腈：高效液相色谱级；乙酸乙酯：高效液相色谱级；正己烷：高效液相色谱级；浓盐酸；氢氧化钠；甲酸：高效液相色谱级；邻硝基苯甲醛；三水磷酸钾；乙酸铵；标准物质：3-氨基-2-噁唑酮、5-吗啉甲基-3-氨基-2-噁唑烷基酮、1-氨基-乙内酰脲、氨基脲，纯度≥99％。

内标物质：3-氨基-2-噁唑酮的内标物 D_4-AOZ；5-吗啉甲基-3-氨基-2-噁唑烷基酮的内标物 D_3-AMOZ；1-氨基-乙内酰脲的内标物 ^{13}C-AHD；氨基脲 ^{13}C ^{16}N-SEM，纯度≥99％。

（三）试剂配制

（1）0.2 mol/L 盐酸溶液：标准量取 17 mL 浓盐酸，用水定容至 1 L。

（2）2 mol/L 氢氧化钠溶液：准确称取 80 g 氢氧化钠，用水溶解并定容至 1 L。

（3）0.1 mol/L 邻硝基苯甲醛溶液：准确称取 1.5 g 邻硝基苯甲醛，用甲醇溶解并定容至 100mL。

（4）0.3 mol/L 磷酸钾溶液：准确称取 79.893 g 三水磷酸钾，用水溶解并定容至 1 L。

（5）乙腈饱和的正己烷：量取正己烷 80 mL 于 100 mL 分液漏斗中，加入适量乙腈后，剧烈振摇，待分配平衡后，弃去乙腈层即得。

（6）0.1%甲酸水溶液（含 0.0005 mol/L 乙酸铵）：准确量取 1 mL 甲酸并称取 0.0386 g 乙酸铵于 1 L 容量瓶中，用水定容至 1 L。

（7）标准储备液：分别准确称取适量标准品（精至 0.0001g），用乙腈溶解，配制成浓度为 100 mg/L 的标准储备溶液。-18℃冷冻避光保存，有效期 3 个月。

（8）混合中间标准溶液：准确移取标准储备液 1 mL 于 100 mL 容量瓶中，用乙腈定容至刻度，配制成浓度为 1 mg/L 的混合中间标准溶液。4℃冷藏避光保存，有效期 1 个月。

（9）混合标准工作溶液：准确移取 0.1 mL 混合中间标准溶液于 10 mL 容量瓶中，用乙腈定容至刻度，配制成浓度为 0.01 mg/L 的混合标准工作溶液。4℃冷藏避光保存，有效期 1 周。

（10）内标储备液：准确称取适量内标物质（精确至 0.0001 g），用乙腈溶解，配制成浓度为 100 mg/L 的标准储备溶液。-18℃冷冻避光保存，有效期 3 个月。

(11)中间内标标准储备液：准确移取 1 mL 内标储备液于 100 mL 容量瓶中，用乙腈定容至刻度，配制成浓度为 1 mg/L 的中间内标标准溶液。4℃冷藏避光保存，有效期 1 个月。

(12)混合内标标准溶液：准确移取中间内标标准储备液各 0.1 mL 于 10 mL 容量瓶中，用乙腈定容至刻度，配制成浓度为 0.01 mg/L 的混合内标标准溶液。4℃冷藏避光保存，有效期 1 周。

三、操作方法

(一)肌肉、内脏、鱼和虾

从原始样品中取出有代表性的样品约 500 g，用组织捣碎机充分捣碎混匀，均分成两份，分别装入洁净容器作为试样，密封，并标明标记。将试样置于–18℃冷冻避光保存。

(二)肠衣

从原始样品中取出有代表性的样品约 100 g，用剪刀剪成边长＜5 mm 的方块，混匀后均分成两份，分别装入洁净容器作为试样，密封，并标明标记。将试样置于–18℃冷冻避光保存。

(三)蛋

从原始样品中取出有代表性样品约 500 g，去壳后用组织捣碎机充分搅拌混匀，均分成两份，分别装入洁净容器作为试样，密封，并标明标记。将试样置于4℃冷藏避光保存。

(四)奶和蜂蜜

从原始样品中取出有代表性的样品约 500 g，用组织捣碎机充分混匀，均分成两份，分别装入洁净容器作为试样，密封，并标明标记。将试样置于4℃冷藏避光保存。

注意：在制样的操作过程中，应防止样品污染或残留物含量发生变化。

(五)样品处理

1. 水解和衍生化

1)肌肉、内脏、鱼、虾和肠衣

称取约 2 g 试样(精确至 0.01 g)于 50 mL 塑料离心管中，加入 10 mL 甲醇-水混合溶液(1∶1，体积比)，振荡 10 min 后，以 4000 r/min 离心 5 min，弃去液体。

残留物中加入 10 mL 0.2 mol/L 盐酸，用均质器以 10000 r/min 均质 1 min 后，再依次加入混合内标标准溶液 100 μL，邻硝基苯甲醛溶液 100 μL，漩涡振动混合 30 s 后，再振荡 30 min，置于 37℃恒温箱中过夜(16 h)反应。

2) 蛋、奶和蜂蜜

称取约 2 g 试样(精确至 0.01 g)于 50 mL 塑料离心管中，加入 10~20 mL 0.2 mol/L 盐酸(以样品完全浸润为准)，用均质器以 10000 r/min 均质 1 min 后，再依次加入混合内标标准溶液 100 μL，邻硝基苯甲醛溶液 100 μL，漩涡振动混合 30 s 后，再振荡 30 min，置 37℃恒温箱中过夜(16 h)反应。

2. 提取和净化

取出样品，冷却至室温，加入 1~2 mL 0.3 mol/L 磷酸钾(1 mL 盐酸溶液加 0.1 mL 磷酸钾溶液)，用 2.0 mol/L 氢氧化钠调 pH 7.4(±0.2)后，再加入 10~20 mL 乙酸乙酯(乙酸乙酯加入体积与盐酸溶液体积一致)，振荡提取 10 min 后，以 10000 r/min 离心 10 min，收集乙酸乙酯层。残留物用 10~20 mL 乙酸乙酯再提取一次，合并乙酸乙酯层。收集液在 40℃下用 N_2 吹干，残渣用 1 mL 0.1%甲酸水溶液溶解，再用 3 mL 乙腈饱和的正己烷分两次进行液液分配，去除脂肪。下层水相过 0.20 μm 微孔滤膜后，取 10 μL 供仪器测定。

3. 混合基质标准溶液的制备

1) 肌肉、内脏、鱼、虾和肠衣

称取 5 份约 2 g 的阴性试样(精确至 0.01 g)于 50 mL 塑料离心管中，加入 10 mL 甲醇-水混合溶液(1∶1，体积比)，振荡 10 min 后，以 4000 r/min 离心 5 min，弃去液体。残留物中加入 10 mL 0.2 mol/L 盐酸，用均质器以 10000 r/min 均质 1 min 后，按照最终定容浓度 1 ng/mL、5 ng/mL、10 ng/mL、50 ng/mL、100 ng/mL，分别加入混合中间标准液或混合标准工作溶液，再加入混合内标标准溶液 100 μL。余下操作同上。

2) 蛋、奶和蜂蜜

称取 5 份约 2g 的阴性试样(精确至 0.01g)于 50 mL 塑料离心管中，加入 10~20 mL 0.2 mol/L 盐酸(以样品完全浸润为准)，用均质器以 10000 r/min 均质 1 min 后，按照最终定容浓度 1 ng/mL、5 ng/mL、10 ng/mL、50 ng/mL、100 ng/mL，分别加入混合中间标准液或混合标准工作溶液，再加入混合内标标准溶液 100 μL。余下操作同上。

(六)测定

1. 液相色谱条件

(1)色谱柱：C_{18}，150mm×2.1mm(内径)，3.5 μm。

(2)柱温：30℃。

(3)流速：0.2 mL/min。

(4)进样量：10 μL。

(5)流动相及梯度洗脱条件见表 7-3。

表 7-3　流动相及梯度洗脱条件

时间/min	流动相 A(乙腈)	流动相 B(0.1%甲酸水溶液)
0	10%	90%
7.00	90%	10%
10.00	90%	10%
10.01	10%	90%
20.00	10%	90%

2. 串联质谱条件(表 7-4)

表 7-4　串联质谱条件

化合物	母离子(m/z)	子离子(m/z)	驻留时间/s	锥孔电压/V	碰撞能量/eV
AMOZ	335	262	0.1	60	13
		291*	0.1	60	9
D_3- AMOZ	340	296	0.1	60	9
SEM	209	166*	0.1	50	8
		192	0.1	50	8
$^{13}C\ ^{16}N$-SEM	212	168	0.1	50	8
AHD	249	104	0.1	80	15
		134*	0.1	80	10
^{13}C-AHD	252	134	0.1	80	10
AOZ	236	104	0.1	77	14
		134*	0.1	77	10
D_4-AOZ	240	134	0.1	77	10

*用于定量。

扫描方式：正离子模式；

检测方式：多反应监测(MRM)。

3. 液相色谱-串联质谱测定

1)定性测定

按照上述条件测定样品和混合基质标准溶液，如果样品的质量色谱峰保留时间与混合基质标准溶液一致；定性离子对的相对丰度与浓度相当的混合基质标准溶液的相对丰度一致，相对丰度偏差不超过表 7-5 的规定，则可判断样品中存在相应的被测物。

表 7-5　定性测定时相对离子丰度的最大允许偏差

相对离子丰度	>50%	20%～50%	10%～20%	≤10%
允许的相对偏差	±20%	±25%	±30%	±50%

2) 定量测定

按照内标法进行定量计算。

3) 平行实验

按照以上步骤对同一试样进行平行实验测定。

4) 空白实验

除不称取试样外，均按照以上步骤进行。

四、结果分析

(1) 结果按式(7-8)进行计算：

$$X = \frac{R \times c \times V}{R_3 \times m} \tag{7-8}$$

式中，X——试样中分析物的含量，$\mu g/kg$；

R——样液中的分析物与内标物峰面积比值；

c——混合基质标准溶液中分析物的浓度，ng/mL；

V——样液最终定容体积，mL；

R_3——混合基质标准溶液中分析物与内标物峰面积比值；

m——试样的质量，g。

注意：计算结果需将空白值扣除。

(2) 测定低限(LOQ)。本方法的测定检出限(LOQ)：AOZ、AMOZ、SEM、AHD 均为 0.5 $\mu g/kg$。

第八节　青霉素类药物

一、原理和方法

青霉素是抗生素的一种，是指分子中含有青霉烷、能破坏细菌的细胞壁并在细菌细胞的繁殖期起杀菌作用的一类抗生素，是由青霉菌中提炼出的抗生素。

近年来，食品安全已成为国际上关注的焦点，并且成为进出口主要技术贸易壁垒。目前，在动物养殖过程中仍存在使用违禁药物、乱用滥用抗生素及休药期过短等问题，导致我国畜产品的出口在国外技术壁垒下受到严重损害。青霉素类抗生素是一类重要的 β-内酰胺类抗生素，自 1939 年大量生产使用以来，因广谱和价廉已成为兽医学临床上应用最广泛的药物之一。由于频繁地以超剂量使用，造成其在动物源性食品中的残留，虽然 β-内酰胺类药物本身对机体没有很强的毒性，但是对于某些具有"过敏反应"体质的人来说，很容易引起青霉素类药物过敏反应，此外还会影响人体正常菌群的生长，若长期食用低浓度抗生素，会造成体内菌群失调，使人体免疫力降低。因其严重影响人们身体健康和进出口贸易，各国政府部门对青霉素类抗生素的最大残留量做出了明确的规定，并进行严格控制。所以，开发快速、准确、经济的检测青霉素类抗生素残留的方法在生产和生活中具有重要意义。

试样中青霉素类药物残留用 0.15 mol/L 磷酸二氢钠(pH=8.5)缓冲溶液提取，经离心，上清液用固相萃取柱净化，液相色谱-串联质谱仪测定，外标法定量。

二、试剂和材料

1. 设备

液相色谱-串联四极杆质谱仪，配有电子喷雾离子源；分析天平：感量 0.1 mg 和 0.01 g；振荡器；固相萃取真空装置；储液器：50 mL；微量注射器：25 μL，100 μL；刻度样品管：5 mL，精度为 0.1 mL；离心机：带有 50 mL 具塞离心管；pH 计：测量精度 0.02 pH 单位。

2. 材料

甲醇：色谱纯；乙腈：色谱纯；磷酸二氢钠；氢氧化钠；乙酸；阿莫西林、氨苄西林、哌拉西林、青霉素 G、青霉素 V、苯唑西林、萘夫西林、双氯西林等九种青霉素标准物质，纯度≥99%。

3. 试剂配制

(1)乙腈-水(1∶1)：取量 50 mL 乙腈与 50 mL 水混合。

(2)5 mol/L 氢氧化钠溶液：称取 20 g 氢氧化钠，用水溶解，定容至 100 mL。

(3)0.15 mol/L 磷酸二氢钠缓冲溶液：称取 18.0 g 磷酸二氢钠，用水溶解，定容至 1000 mL，然后用氢氧化钠溶液调至 pH 8.5。

(4)九种青霉素标准储备液：准确称取适量的每种标准物质，分别用水配制成浓度 1.0 mg/mL 的标准储备溶液。储备溶液存在-18℃冰柜中。

(5)九种青霉素标准工作溶液：根据需要吸收适量的每种青霉素标准储备溶液，用空白样提取液稀释成适当浓度的基质混合标准工作溶液。

(6)BUND ELUT C_{18} 固相萃取柱或相当者：使用前分别用 5 mL 甲醇、5 mL

水和 10 mL 磷酸二氢钠缓冲溶液预处理，保持柱体湿润。

三、操作步骤

1. 试样溶液的制备

称取 3 g 试样(精准到 0.01 g)置于离心机中，加入 25 mL 磷酸二氢钠缓冲溶液，于振荡器上振荡 10min，然后以 4000 r/min 离心 10 min，把上层提取液移至 BUND ELUT C_{18} 固相萃取柱的储液器中，以 3 mL/min 的流速通过固相萃取柱后，用 2 mL 水洗柱，弃去全部流出液。用 3mL 乙腈+水洗脱，收集洗脱液于刻度样品管中，用乙腈+水定容至 3 mL，摇匀后，过 0.2 μm 滤膜，供液相色谱-串联质谱仪测定。按照上述操作步骤制备空白样品提取液。

2. 测定

1)液相色谱条件

色谱柱：C_{18} 柱；

流动相梯度程序及流速见表 7-6；

柱温：30℃；

进样量：20 μL。

表 7-6　流动相梯度程序及流速

时间/min	流速/(μL/min)	水(含 0.3%乙酸)	乙腈(含 0.3%乙酸)
0.00	200	95.0	5.0
3.00	200	95.0	5.0
3.01	200	50.0	50.0
13.00	200	50.0	50.0
13.01	200	25.0	75.0
18.00	200	25.0	75.0
18.01	200	95.0	5.0
25.00	200	95.0	5.0

2)质谱条件

离子源：电喷雾离子源。

扫描方式：正离子扫描。

检测方式：多反应监测。

电喷雾电压：5500 V。

雾化器电压：0.055 MPa。

气帘气压强：0.079 MPa。

辅助气流速：6 L/min。

离子源温度：400℃。

定性离子对、定量离子对和去簇电压(DP)、聚焦电压(FP)、碰撞气能量(CE)及碰撞室出口电压(CXP)见表 7-7。

表 7-7　九种青霉素液质条件

名称	定性离子对 (m/z)	定量离子对 (m/z)	碰撞气能量 /V	去簇电压/V	聚焦电压/V	碰撞室出口电压/V
阿莫西林	366/114 366/208	366/208	30 19	21	90	10
氨苄西林	350/192 350/160	350/160	23 20	20	90	10
哌拉西林	518/160 518/143	518/143	35 35	27 25	90	10
青霉素 G	335/160 335/176	335/160	20 20	23	90	10
青霉素 V	351/160 351/192	351/160	20 15	40	90	10
苯唑西林	402/160 402/243	402/160	20 20	23	90	10
氯唑西林	436/160 436/277	436/160	21 22	20	90	10
萘夫西林	415/199 415/171	415/199	23 52	23	90	10
双氯西林	470/160 470/311	470/160	20 22	20	90	10

3)液相色谱-串联质谱测定

(1)定性测定。选择每种待测物质的一个母离子，两个以上子离子，在相同实验条件下，样品中待测物质的保留时间与基质标准溶液中对应物质的保留时间偏差在±2.5%之间，样品色谱图中各定性离子相对丰度与浓度接近的基质标准溶液的色谱图中离子相对丰度相比，若偏差不超过表 7-8 规定范围，则可判定为样品中存在对应的待测物。

表 7-8 定性测定时相对离子丰度的最大允许偏差

相对离子丰度	>50%	20%～50%	10%～20%	≤10%
允许的相对偏差	±20%	±25%	±30%	±50%

(2)定量测定。用九种青霉素标准储备溶液配制成的基质混合标准溶液分别进行定量测定,以标准溶液工作浓度为横坐标,以峰面积为纵坐标,绘制标准工作曲线。用标准工作曲线对样品进行定量,样品溶液中九种青霉素的响应值均应在仪器测定的线性范围内。

平行实验:按上述步骤,对同一试样进行平行实验测定。

3. 空白实验

除不称取试样外,均按上述分析步骤进行。

四、结果分析

(1)试样中青霉素残留量利用数据处理系统计算或按式(7-9)计算:

$$X = c \times \frac{V}{m} \tag{7-9}$$

式中,X——试样中被检测组分残留量,μg/kg;

c——从标准工作曲线得到的试样溶液中被检测组分的浓度,ng/mL;

V——试样溶液定容体积,mL;

m——最终试样溶液所代表的试样质量,g。

计算结果需将空白值扣除。

(2)精密度。本标准的精密度数据是按照 GB/T 6379.1 和 GB/T 6379.2 规定确定的。其重复性和再现性的值以 95%的可信度来计算。

参 考 文 献

陈聪, 严慧, 沈保华, 等. 2010. 青霉素类抗生素分析研究进展及其应用. 中国司法鉴定, 06: 36-40.

陈眷华, 王文博, 徐在品, 等. 2006. 己烯雌酚残留的三种检测方法比较研究. 食品科学, 27(9): 214-218.

陈仁兴. 2011. 高效液相色谱法及其在中药研究中的应用和展望. 蛇志, 04: 375-377, 396.

陈雪峰, 何桂珍. 2007. 高效液相色谱方法测定维生素研究现状及进展. 医学研究杂志, 36(9): 90-92.

冯永红, 许实波. 1996. 白黎芦醇药理作用研究进展. 国外医药(植物药分册), 11(4): 155-157.

高年发, 张军, 韩英素. 2004. 高效液相色谱法测定葡萄酒中的有机酸. 酿酒, 01: 67-69.

高言诚. 2006. 营养学. 北京: 北京体育大学出版社.

贺家亮, 李开雄, 刘海燕. 2008. 高效液相色谱法在食品分析中的应用. 食品研究与开发, 11: 175-177.

黄百芬, 任一平, 蔡增轩, 等. 2007. LC-MS/MS 测定牛奶中六种青霉素类抗生素残留. 中国食品卫生杂志, 01: 31-35.

黄芳. 2010. 液相色谱-质谱技术在配方奶粉营养成分分析中的应用研究. 华南理工大学, 12(4): 116-119.

霍艳敏, 王艳丽, 王骏, 等. 2011. 高效液相色谱法测定婴幼儿乳粉中烟酸胺的不确定度评定. 食品科学, 32(16): 330-333.

姜培珍, 蔡美琴, 郭红卫. 2004. 营养失衡与健康. 北京: 化学工业出版社.

李佐卿, 倪梅林, 章再婷, 等. 2008. 高效液相色谱法检测水产品中磺胺类和乙胺嘧啶药物残留. 理化检验化学分册, 44(6): 557-559.

梁永革, 仲娜, 邓玉娟. 2008. 高效液相色谱法测定肉中四环素族残留量. 中国药业, 17(15): 42-43.

林杰, 黄晓蓉, 郑晶, 等. 2008. 猪肉中青霉素类药物残留放射免疫法快速检测. 中国饲料, 04: 30-33.

林黎明, 林回春, 高彦惠. 2005. 液相色谱/串联质谱线性组合法测定动物组织中硝基呋喃代谢产物. 分析化学, 33(8): 1081-1086.

林黎明, 林回春, 刘心同. 2005. 固相萃取高效液相色谱-质谱法测定动物组织中硝基呋喃代谢产物. 分析化学, 33 (5): 707-710.

刘创基, 王海, 杜振霞, 等. 2011. 超高效液相色谱-串联质谱法同时测定牛肉中青霉素类药物及其代谢产物. 分析化学, 05: 617-622.

刘红河, 尹江伟, 仲岳桐, 等. 2005. HPLC-DAD 同时测定食品中维生素 A、维生素 D、维生素 E 研究. 中国卫生检验杂志, 15(9): 1047-1049.

刘红菊, 闫冲, 蒋晔. 2007. RP-HPLC 同时测定复合维生素注射液中 3 种维生素的含量. 华西药学杂志, 22(3) : 318-319.

陆彦, 吴国娟. 2006. 畜产品中青霉素类药物残留检测方法研究进展. 动物医学进展, 07: 34-37.

吕良, 陈需. 2008. 浅谈高效液相色谱仪检测器的发展与展望. 计量与测试技术, 35(9): 76-77.

庞国芳, 曹彦忠, 张进杰. 2005. 高效液相色谱法同时测定禽肉中土霉素、四环素、金霉素、强力霉素残留的研究. 分析测试学报, 24(4): 61-63.

秦峰, 郑文捷, 陈桂良, 等. 2009. 高效液相色谱-串联质谱法测定牛奶中 6 种青霉素类药物的残留量. 中国抗生素杂志, 06: 348-351.

邱建华. 2006. 高效液相色谱-串联质谱法测定鳗鱼中硝基呋喃类代谢物残留研究. 扬州: 扬州大学.

沈川, 吕晓东. 2000. 己烯雌酚在动物食品中残留检测方法简述. 中国兽药杂质, 6: 48.

沈美芳, 杨利国. 2004. 动物性食品中己烯雌酚残留量检测方法评定. 动物科学与动物医学, 21(5): 24-26.

万美梅. 2004. 动物组织中己烯雌酚残留的高效液相色谱检测方法研究. 中国兽药杂质, 38(7): 5.

王华, 尉亚辉, 王庆俐, 等. 1999. 葡萄酒中白藜芦醇的 HPLC 测定. 西北农业大学学报, 04:

86-90.

王鲁勤, 蒋江云. HPLC 法测定畜禽肉中土霉素、四环素、金霉素的残留. 海峡药学, 19(9): 60-61.

曾祥林, 曾智. 2010. 超高效/高分离度快速/超快速液相色谱技术在分析领域中的应用. 医药导
报, 29(7): 909-914.

赵光鳌, 尹卓容, 张继民. 2001. 葡萄酒酿造学-原理及应用. 北京: 中国轻工业出版社: 495-497.

赵淑英, 王洪涛. 2008. 高效液相色谱法测定畜禽肉中土霉素、四环素、金霉素残留量的研究.
食品科技, 33(3): 226-228.

郑春巍, 刘洋, 王启辉, 等. 2012. 超高效液相色谱法测定畜禽肉中 10 种磺胺类药物残留量. 理
化检验(化学分册), 01: 79-81.

祝伟霞, 杨冀州, 魏蔚. 2008. 高效液相色谱-串联质谱法测定动物性食品中硝基呋喃类代谢物
残留. 现代畜牧兽医, 1: 47-50.

GB 21317—2007 动物源性食品中四环素类兽药残留量检测方法, 2007.

GB 5413—2010 食品安全国家标准 婴幼儿食品和乳品中维生素 A、D、E 的测定, 2010.

GB/T 15038—2006 葡萄酒、果酒通用分析方法, 2006.

GB/T 15038—2006 葡萄酒、果酒通用分析方法, 2010.

GB/T 20755—2006 畜禽肉中九种青霉素类药物残留量的测定 液相色谱-串联质谱法, 2006.

GB/T 20759—2006 畜禽肉中十六种磺胺类药物残留量的测定液相色谱-串联质谱法, 2006.

GB/T 20764—2006 可食动物肌肉中土霉素、四环素、金霉素、强力霉素残留量的测定, 2006.

GB/T 21311—2007 动物源性食品中硝基呋喃类药物代谢物残留量检测方法 高效液相色谱/串
联质谱法, 2007.

GB/T 5009.108—2003 畜禽肉中己烯雌酚的测定, 2003.

GB/T 5009.116—2003 畜禽肉中土霉素、四环素、金霉素残留量的测定, 2003.

GB/T 5413.15—2010 食品安全国家标准 婴幼儿食品和乳制品中烟酸和烟酸胺的测定, 2010.

第八章　原子吸收法

一、方法原理

1. 原子光谱的产生

原子通常处于能量最低的基态。当辐射通过待测物质产生的原子蒸气时，若入射光的能量等于原子中的电子由基态跃迁到较高能态所需要的能量，原子从入射辐射中吸收能量，发生共振吸收，产生原子吸收光谱。

2. 共振线和吸收线

原子可具有多种能级状态，当原子被外界能量激发时，其最外层电子可能跃迁到不同能级，因此可能有不同的激发态。电子从基态跃迁到能量最低的激发态时要吸收一定频率的光。电子从基态跃迁到第一激发态所产生的吸收谱线称为共振吸收线。各种元素的原子结构和外层电子排布不同，不同元素的原子从基态激发到第一激发态时，吸收的能量不同，因而各种元素的共振线不同，各有其特征性，所以这种共振线就是元素的特征曲线。

3. 热激发时基态原子与总原子数的关系

在原子化过程中，待测元素吸收了能量，由分子离解成原子，此时的原子，大部分都是基态原子，有一小部分可能被激发，成为激发态原子。而原子吸收法就是利用待测元素的原子蒸气中基态原子对该元素的共振线吸收来进行测定的，所以原子蒸气中基态原子与待测元素原子总数之间的关系直接关系到原子吸收效果。

二、研究进展

原子吸收光谱近年来被广泛用于食品中重金属含量的测定。该方法与传统化学分析方法相比具有灵敏度更高、测定结果更准确等优点。原子吸收光谱法作为一种成熟而实用的分析方法，已广泛应用于冶金、地质、化工、石油、医学、生物、农业、食品、环保等领域中铅、镉等重金属元素的检测。根据待测金属种类和浓度的不同，实验中需要选择石墨炉、火焰和氢化物发生器等原子吸收光谱，并结合适当的预处理手段，其中消化设备、改进剂、消解试剂和消解温度等均直接影响测定结果的准确性。但是，由于食品种类繁多，相关标准和法规的制定需要借助大量的检测实验和更先进的检测手段。所以，食品检测还有很多有待探索的未知领域。为了可以更准确和快速地测定样品中的金属元素，原子吸收光谱还经常与其他检测手段联用，如原子吸收光谱与高效液相色谱、气相色谱、毛细管电泳等联用。原子吸收光谱法的应用、完善和创新将带动食品安全的监管及相关检测标准的完善。

三、原子吸收光谱仪

1. 原子吸收光谱仪的组成

原子吸收光谱仪由光源、原子化器、分光系统、辐射监测器、信号处理和读出装置五个基本部分与必要的附属装置组成。光源激励分析体系产生分析信号，输入检测器(通常是光电倍增管)，将光信号转变为电信号(光电流)，信号经放大、调制等处理后，由信号记录和显示装置(记录仪、显示器等)将电信号转为便于被人们理解与处理的信息显示出来，见图8-1。

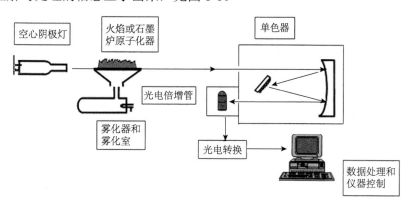

图 8-1　原子吸收光谱仪结构示意图

2. 原子吸收光谱仪的类型

原子吸收光谱仪按分光系统分为单光束型和双光束型两种。单光束型仪器结构简单、灵敏度高，能满足一般分析需要，应用广泛，但易受光源强度变化的影响而导致基线漂移。双光束型仪器能较好地克服基线漂移。

3. 原子吸收分析方法

原子吸收色谱法主要用于定量分析中。常用的方法有标准曲线法和标准加入法。

标准曲线法需要配制一组浓度为合适梯度的标准溶液，然后向标准溶液由低浓度到高浓度，依次喷入火焰，分别测得其吸光度，以测得的吸光度为纵坐标，待测元素的含量或浓度为横坐标，绘制标准曲线。在相同实验条件下，喷入待测试样溶液，根据测得的吸光度，由标准曲线求出试样中待测元素的含量。

对于试样成分复杂、相互干扰明显的可采用标准加入法。取若干份体积相同的试样溶液，放入四个容积相同的容量瓶中。第一份，只是试样溶液，定容，设浓度为 c_x；第二份试样加 1 份标样，定容，设浓度为 c_x+c_0；第三份试样加 2 份标样，定容，设浓度为 c_x+2c_0；第四份试样加 4 份标样，定容，设浓度为 c_x+4c_0。分别测吸光度，对相应浓度作图。这时曲线不过原点，截距所反映的吸收值正是试样中待测元素所引起的效应。如果外延此曲线使其与横坐标相交，相应于原点与交点的距离，即为所求的试样中待测元素的浓度 c_x。

第一节　铅的原子吸收检测方法

一、原理和方法

含铅废水废渣的排放可污染土壤和水体，然后铅经食物链富集，污染食品。环境中某些微生物可将无机铅转换为毒性更大的有机铅。以有机铅作为防爆剂的汽油使汽车等交通工具排放的废气中含有大量的铅，造成公路干线附近农作物的严重铅污染。农作物生产中使用含铅农药可造成农作物的铅污染。食品加工中使用含铅的食品添加剂和加工助剂，如加工皮蛋时加入的黄丹粉(氧化铅)可造成食品中的铅污染。在家庭中，铅可以随家庭管道中使用的铅管、铅材料和铜一起作为焊接材料而出现在饮用水中。在食品机械化生产中，食品加工机械、管道和聚氯乙烯塑料中的含铅稳定剂等均可导致食品的铅污染。此外，铅还可能添加到玩具、家具、墙面等的涂料中，也可能出现在厨具、瓷器的上釉中，以及在罐头食品和饮料包装的焊接中。

铅在人体内至少有五个可以积累的地方，其中两个为骨骼(90%铅蓄积于其中)，即表层骨和小梁骨。铅在表层骨中的半衰期与镉类似，约为 20 年。储存铅的其他三个地方为肾脏、肺和中枢神经系统。正常情况下，沉积在骨骼中的铅，并不表现出毒性，但铅从骨骼中释放出来，引起明显的中毒症状。铅中毒是一种蓄积性中毒，随着人体内铅蓄积量的增加可引起造血、肾脏及神经系统损伤。人类常见铅中毒的损伤部位(症状)为血液(贫血病)、脑(痉挛、麻木)和肾(蛋白尿)。

因铅污染环境而引起的食物污染，进而引起的人类铅中毒通常是慢性的。食物摄入引起的急性铅中毒，多为铅污染食品和饮料，以及误食所造成。铅中毒时，对神经系统、造血器官和肾脏都有明显的损害，主要表现为食欲不振、口有金属味、失眠、头昏、头痛、肌肉关节酸痛、腹痛腹泻或便秘、贫血等，对心、肺、血管和内分泌系统也有明显影响。

通过口腔吸收无机铅是铅进入儿童体内的主要途径。儿童对铅的吸收率往往高于成年人。铅对儿童最重要的影响就是损害神经系统，影响其生长发育，导致智力低下。

因此，对食物中铅的含量进行测定，防止含铅量超标的食品流入市场被消费者食用、危害消费者的身体健康，是非常有必要的。食品中铅含量测定主要采用石墨炉原子吸收光谱法。将试样经灰化或酸消解后，注入原子吸收分光光度计石墨炉中，电热原子化后在 283.3 nm 波长处测定吸光度，在一定浓度范围内，其对光源谱线的吸光度与铅含量成正比，可与标准系列比较定量(最低检出含量为 5 μg/kg)。

二、设备和材料

1. 设备

原子吸收光谱仪(附石墨炉及铅空心阴极灯)、马弗炉、天平、干燥恒温箱、瓷坩埚、压力消解器、压力消解罐或压力溶弹、可调式电热板、可调式电炉。

2. 材料

硝酸(优级纯)、过硫酸铵、30%过氧化氢、高氯酸(优级纯)、磷酸二氢铵溶液、硝酸铅。

3. 试剂配制

(1)硝酸(1∶1)：取 50 mL 硝酸慢慢加入 50 mL 水中。

(2)硝酸(0.5 mol/L)：取 3.2 mL 硝酸加入 50 mL 水中，稀释至 100 mL。

(3)硝酸(1 mol/L)：取 6.4 mL 硝酸加入 50 mL 水中，稀释至 100 mL。

(4)磷酸二氢铵溶液(20 g/L)：称取 2.0 g 磷酸二氢铵，加水溶解稀释至 100 mL。

(5)混合酸：硝酸-高氯酸(9∶1)，取 9 份硝酸与 1 份高氯酸混合。

4. 标准溶液配制

1)铅标准储备液

准确称取 1.000 g 金属铅(99.99 %)，分次加少量硝酸(1∶1)，加热溶解，总量不超过 37 mL，移入 1000 mL 容量瓶，加水至刻度，混匀。每毫升此溶液含 1.0mg 铅。

2)铅标准使用液

每次吸取铅标准储备液 1.0 mL 于 100 mL 容量瓶中，加硝酸(0.5 mol/L)至刻度。如此经多次稀释成每毫升含 10.0 ng、20.0 ng、40.0 ng、60.0 ng、80.0 ng 铅的标准使用液。

三、操作方法

(一)试样预处理

(1)在采样和制备过程中,应注意不使试样污染。

(2)粮食、豆类去杂物后,磨碎,过 20 目筛,储存于塑料瓶中,保存备用。

(3)蔬菜、水果、鱼类、肉类及蛋类等水分含量高的鲜样,用食品加工机或匀浆机打成匀浆,储存于塑料瓶中,保存备用。

(二)试样消解

可根据实验室条件选用以下任何一种消解方法。

1. 压力消解罐消解法

称取 1~2 g 试样(精确到 0.001 g,干样、含脂肪高的试样<1 g,鲜样<2 g 或按压力消解罐使用说明书称取试样)于聚四氟乙烯内罐,加硝酸 2~4 mL 浸泡过夜,再加过氧化氢 2~3 mL(总量不能超过罐容积的 1/3)。盖好内盖,旋紧不锈钢外套,放入恒温干燥箱,120~140℃保持 3~4 h,在箱内自然冷却至室温,用滴管将消化液洗入或过滤入(视消化后试样的盐分而定)10~25 mL 容量瓶中,用水少量多次洗涤罐,洗液合并于容量瓶中并定容至刻度,混匀备用;同时做试剂空白。铅的灰化温度在 700~800℃,原子化温度在 2000~2300℃时,测定的数据稳定。在保证准确测定的前提下,选最高的灰化温度有利于干扰成分在灰化时挥发,选较低的原子化温度有利于延长石墨管的使用寿命。故测铅选定灰化温度为 800℃,原子化温度为 2100℃。

2. 干法灰化

称取 1~5g 试样(精确到 0.001 g,根据铅含量而定)于瓷坩埚中,先用小火在可调式电热板上炭化至无烟,移入马弗炉(500±25)℃灰化 6~8 h,冷却。若个别试样灰化不彻底,则加 1 mL 混合酸在可调式电炉上小火加热,反复多次直到消化完全,放冷,用硝酸将灰分溶解,用滴管将试样消化液洗入或过滤入(视消化后试样的盐分而定)10~25 mL 容量瓶中,用水少量多次洗涤瓷坩埚,洗液合并于容量瓶中并定容至刻度,混匀备用;同时做试剂空白实验。

3. 过硫酸铵灰化法

称取 1~5 g 试样(精确到 0.001 g)于瓷坩埚中,加 2~4mL 硝酸浸泡 1 h 以上,先用小火炭化,冷却后加入 2.00~3.00 g 过硫酸铵盖于上面,继续炭化至不冒烟,转入马弗炉,(500±25)℃恒温 2 h,再升至 800℃,保持 20 min,冷却,加 2~3 mL 硝酸,用滴管将试样消化液洗入或过滤入(视消化后试样的盐分而定)10~25 mL 容量瓶中,用水少量多次洗涤瓷坩埚,洗液合并于容量瓶中并定容至刻度,混匀备用;同时做试剂空白实验。

4. 湿式消解法

称取试样 1~5 g(精确到 0.001 g)于锥形瓶或高脚烧杯中,放数粒玻璃珠,加入 10 mL 混合酸,加盖浸泡过夜,加一小漏斗于电炉上消解,若变棕黑色,再加混合酸,直至冒白烟,消化液呈无色透明或略带黄色,放冷,用滴管将试样消化液洗入或过滤入(视消化后试样的盐分而定)10~25 mL 容量瓶中,用水少量多次洗涤锥形瓶或高脚烧杯,洗液合并于容量瓶中并定容至刻度,混匀备用;同时做试剂空白实验。

(三)测定

1. 仪器操作方法

依次打开打印机、显示器、计算机电源开关,完全启动后,打开原子吸收主机电源。打开 AAwin 图标,联机后等待系统的初始化,完成后选择元素灯和预热灯窗口。按需更改光谱带宽、燃气流量等参数,在设置波长窗口点击寻峰,弹出寻峰窗口,然后寻峰,完成后点击关闭,点击下一步,点击完成。

打开冷却水,打开氩气钢瓶主阀,调节出口压强为 0.5 MPa。

点击仪器下石墨管,装入石墨管,点击确定。点击仪器下的原子化器位置,点击两边的箭头改变数字,点击执行,通过反复调节原子化器位置中的数字使吸光度降到最低。点击确定退出原子化器位置窗口。用手调节石墨炉炉体高低和角度,使得吸光度最低。

点击能量,点击自动能量平衡,待能量平衡完毕后,点击关闭,退出能量调节窗口。

点击仪器下的石墨炉加热程序,弹出石墨炉加热程序设置窗口。输入相应的温度和升温时间以保持时间,一般为 4 步,分为干燥阶段、灰化阶段、原子化阶段和净化阶段。干燥阶段一般为 100℃,灰化阶段、原子化阶段温度设置随待测元素的不同而不同,净化阶段要求温度高于原子化阶段温度 50~100℃,升温 1s 保持 1s(注意:原子化阶段要关闭内气流量,过高的温度将极大地降低石墨管寿命)。

关机过程:依次关闭 AAwin 软件、原子吸收主机电源、乙炔钢瓶主阀(石墨炉注意关闭氩气钢瓶主阀,冷却水)、空压机工作开关,按放水阀,排空压缩机中的冷凝水,关闭风机开关,退出计算机 Windows 操作程序,关闭打印机、显示器和计算机电源。盖上仪器罩,检查乙炔、氩气、冷却水是否已经关闭,清理实验室。

2. 仪器条件

根据各自仪器性能调至最佳状态。参考条件：波长 283.3 nm；狭缝 0.2～1.0 nm；灯电流 5～7 mA；干燥温度 120℃，20 s；灰化温度 450℃，持续 15～20 s；原子化温度 1700～2300℃，持续 4～5 s；背景校正为氘灯或塞曼效应。

3. 标准曲线绘制

吸取上面配制的铅标准使用液 10.0 ng/mL（或 μg/L）、20.0 ng/mL（或 μg/L）、40.0 ng/mL（或 μg/L）、60.0 ng/mL（或 μg/L）、80.0 ng/mL（或 μg/L）各 10 μL，注入石墨炉，测得其吸光度，并求得吸光度与浓度关系的一元线性回归方程。

4. 试样测定

分别吸取样液和试剂空白液各 10 μL，注入石墨炉，测得其吸光度，代入标准系列的一元线性回归方程中求得样液中铅含量。

5. 基体改进剂的使用

对有干扰试样，则注入适量的基体改进剂磷酸二氢铵溶液（一般为 5 μL 或与试样同量）消除干扰。绘制铅标准曲线时，也要加入与试样测定时等量的基体改进剂磷酸二氢铵溶液。

四、结果分析

(1)分析结果的表述。

试样中铅含量按式(8-1)进行计算：

$$X = \frac{(c_1 - c_0) \times V \times 1000}{m \times 1000 \times 1000} \tag{8-1}$$

式中，X——试样中铅含量，mg/kg 或 mg/L；

　　c_1——测定样液中铅含量，ng/mL；

　　c_0——空白液中铅含量，ng/mL；

　　V——试样消化液定量总体积，mL；

　　m——试样质量或体积，g 或 mL。

以重复性条件下获得的两次独立测定结果的算术平均值表示，结果保留两位有效数字。

(2)精密度。在重复性条件下获得的两次独立测定结果的绝对差值不得超过算术平均值的 20%。

(3)检测限。石墨炉原子吸收光谱法的检出限为 0.005 mg/kg。

第二节　镉的原子吸收检测方法

一、原理和方法

食品中的镉主要来源于环境污染,污染环境主要来自冶炼、电镀、塑料、颜料、印刷等行业排放的废水、废气、废渣。食品中镉的含量一般为 0.004～0.005 mg/kg,镉在生物体内的蓄积作用和食物链的生物富集作用,使镉在海产品、动物内脏等动物性食品中的浓度高达几十至几百毫克每千克。植物性食物中镉的含量低于动物性食品。有些食品容器和包装材料也可溶出微量镉污染食品,在存放酸性食品时情况尤为严重。

镉不是人体的必需元素,当人们饮用含有 15 mg/L 镉的水和饮料时,可引起镉的急性中毒,在几分钟内导致恶心、呕吐、头痛,严重时可发生腹泻、休克。镉最大的危害是当其蓄积在体内时对人体造成慢性中毒,引起肾脏损害,主要表现为尿中含有大量低分子量蛋白质,肾小球的过滤功能虽多属正常,但肾小管的回收功能却减退,并且尿镉的排出量增加。镉主要蓄积在肾脏,并损害肾脏功能。镉除了可造成急、慢性中毒之外,还有一定的致畸、致癌和致突变作用。

所以,对食品中的镉进行检测,是为了防止镉含量高的食品被人们食用,对人体造成危害。本节对食品中镉的检测采用的是原子吸收石墨炉光谱法。试样经灰化或酸消解后,注入一定量样品消化液于原子吸收分光光度计石墨炉中,电热原子化后吸收 228.8 nm 共振线,在一定浓度范围内,其吸光度与镉含量成正比,采用标准曲线法定量。

二、设备和材料

1. 设备

原子吸收分光光度计(附石墨炉),镉空心阴极灯,电子天平,可调温式电热板,可调温式电炉,马弗炉,恒温干燥箱,压力消解器,压力消解罐,微波消解系统(配聚四氟乙烯或其他合适的压力罐)。

2. 试剂

硝酸(优级纯),盐酸(优级纯),高氯酸(优级纯),30%过氧化氢,磷酸二氢铵,金属镉标准品。

3. 试剂配制

(1)硝酸溶液(1 %):取 10.0 mL 硝酸加入 100 mL 水中,稀释至 1000 mL。

(2)盐酸溶液(1∶1)：取 50 mL 盐酸慢慢加入 50 mL 水中。

(3)硝酸-高氯酸混合溶液(9∶1)：取 9 份硝酸与 1 份高氯酸混合。

(4)磷酸二氢铵溶液(10 g/L)：称取 10.0 g 磷酸二氢铵，用 100 mL 硝酸溶液 (1%)溶解后定量移入 1000 mL 容量瓶，用硝酸溶液(1%)定容至刻度。

4. 标准溶液配制

1)镉标准储备液(1000 mg/L)

准确称取 1 g 金属镉标准品(精确至 0.0001 g)于小烧杯中，分次加 20 mL 盐酸溶液(1∶1)溶解，加 2 滴硝酸，移入 1000 mL 容量瓶中，用水定容至刻度，混匀；或购买经国家认证并授予标准物质证书的标准物质。

2)镉标准使用液(100 ng/mL)

吸取镉标准储备液 10.0 mL 于 100 mL 容量瓶中，用硝酸溶液(1%)定容至刻度，如此经多次稀释成每毫升含 100.0 ng 镉的标准使用液。

3)镉标准曲线工作液

准确吸取镉标准使用液 0.00 mL、0.5 mL、1.0 mL、1.5 mL、2.0 mL、3.0 mL 于 100 mL 容量瓶中，用硝酸溶液(1%)定容至刻度，即得到含镉量分别为 0 ng/mL、0.50 ng/mL、1.0 ng/mL、1.5 ng/mL、2.0 ng/mL、3.0 ng/mL 的标准系列溶液。

三、操作方法

1. 试样制备

(1)粮食、豆类去杂物后，磨碎，过 20 目筛，储存于塑料瓶中，保存备用。

(2)鲜(湿)试样：蔬菜、水果、肉类、鱼类及蛋类等，用食品加工机打成匀浆或碾磨成匀浆，储存于洁净的塑料瓶中。

(3)液态试样：按样品保存条件保存备用。含气样品使用前应除气。

2. 试样消解

可根据实验室条件选用以下任何一种方法消解，称量时应保证样品的均匀性。

1)压力消解罐消解法

称取干试样 0.3～0.5 g(精确至 0.0001 g)、鲜(湿)试样 1～2 g(精确到 0.001 g)于聚四氟乙烯内罐，加入 5 mL 硝酸浸泡过夜。再加入过氧化氢溶液(30%)2～3 mL(总量不能超过罐容积的 1/3)。盖好内盖，旋紧不锈钢外套，放入恒温干燥箱,120～160℃ 保持 4～6 h，在箱内自然冷却至室温，打开后加热赶酸至近干，将消化液洗入 10 mL 或 25 mL 容量瓶中，用少量硝酸溶液(1%)洗涤内罐和内盖 3 次，洗液合并于容量瓶中，并用硝酸溶液(1%)定容至刻度，混匀备用；同时做试剂空白实验。

2) 微波消解

称取干试样 0.3～0.5 g(精确至 0.0001 g)、鲜(湿)试样 1～2 g(精确到 0.001 g)置于微波消解罐中，加 5 mL 硝酸和 2 mL 过氧化氢。微波消化程序可以根据仪器型号调至最佳条件。消解完毕，待消解罐冷却后打开，消化液呈无色或淡黄色，加热赶酸至近干，用少量硝酸溶液(1%)冲洗消解罐 3 次，将溶液转移至 10 mL 或 25 mL 容量瓶中，并用硝酸溶液(1%)定容至刻度，混匀备用；同时做试剂空白实验。

3) 湿式消解法

取干试样 0.3～0.5 g(精确至 0.0001 g)、鲜(湿)试样 1～2 g(精确到 0.001 g)于锥形瓶中，放数粒玻璃珠，加 10 mL 硝酸-高氯酸混合溶液(9∶1)，加盖浸泡过夜，加一小漏斗在电热板上消化，若变棕黑色，再加硝酸，直至冒白烟，消化液呈无色透明或略带微黄色，放冷后将消化液洗入 10～25 mL 容量瓶中，用少量硝酸溶液(1%)洗涤锥形瓶 3 次，洗液合并于容量瓶中并用硝酸溶液(1%)定容至刻度，混匀备用；同时做试剂空白实验。

4) 干法灰化

称取 0.3～0.5 g 干试样(精确至 0.0001 g)、鲜(湿)试样 1～2 g(精确到 0.001 g)、液态试样 1～2 g(精确到 0.001 g)于瓷坩埚中，先小火在可调式电炉上炭化至无烟，移入马弗炉 500℃灰化 6～8 h，冷却。若个别试样灰化不彻底，加 1 mL 混合酸在可调式电炉上小火加热，将混合酸蒸干后，再转入马弗炉中 500℃继续灰化1～2 h，直至试样消化完全，呈灰白色或浅灰色，放冷，用硝酸溶液(1%)将灰分溶解，将试样消化液移入 10 mL 或 25 mL 容量瓶中，用少量硝酸溶液(1%)洗涤瓷坩埚 3 次，洗液合并于容量瓶中并用硝酸溶液(1%)定容至刻度，混匀备用；同时做试剂空白实验。

注意：实验要在通风良好的通风橱内进行。对含油脂的样品，尽量避免用湿式消解法消化，最好采用干法消化。如果必须采用湿式消解法消化，样品的取样量最大不能超过 1 g。

3. 仪器参考条件

根据所用仪器型号将仪器调至最佳状态。原子吸收分光光度计(附石墨炉及镉心阴极灯)测定参考条件如下：波长 228.8 nm，狭缝 0.2～1.0 nm，灯电流 2～10 mA，干燥温度 105℃，干燥时间 20 s；灰化温度 400～700℃，灰化时间 20～40s；原子化温度 1300～2300℃，原子化时间 3～5s；背景校正为氘灯或塞曼效应。

4. 试样消解标准曲线的制作

将标准曲线工作液按浓度由低到高的顺序各取 20 μL 注入石墨炉，测其吸光度，以标准曲线工作液的浓度为横坐标，相应的吸光度为纵坐标，绘制标准曲线并求出吸光度与浓度关系的一元线性回归方程。

标准系列溶液应不少于 5 个不同浓度的镉标准溶液，相关系数不应小于0.995。如果有自动进样装置，也可用程序稀释来配制标准系列。

5. 试样溶液的测定

于测定标准曲线工作液相同的实验条件下，吸取样品消化液 20 μL(可根据使用仪器选择最佳进样量)，注入石墨炉，测其吸光度。代入标准系列的一元线性回归方程中求样品消化液中镉的含量，平行测定次数不少于两次。若测定结果超出标准曲线范围，用硝酸溶液(1%)稀释后再行测定。

6. 基体改进剂的使用

对有干扰的试样，和样品消化液一起注入 5 μL 基体改进剂磷酸二氢铵溶液(10 g/L)于石墨炉，绘制标准曲线时也要加入与试样测定时等量的基体改进剂。

四、结果分析

1. 分析结果的表述

试样中镉含量按式(8-2)进行计算：

$$X = \frac{(c_1 - c_0) \times V}{m \times 1000} \tag{8-2}$$

式中，X——试样中镉含量，mg/kg 或 mg/L；

　　　　c_1——试样消化液中镉含量，ng/mL；

　　　　c_0——空白液中镉含量，ng/mL；

　　　　V——试样消化液定容总体积，mL；

　　　　m——试样质量或体积，g 或 mL；

　　　　1000——换算系数。

以重复性条件下获得的两次独立测定结果的算术平均值表示，结果保留两位有效数字。

2. 精密度

在重复性条件下获得的两次独立测定结果的绝对差值不得超过算术平均值的 20 %。

3. 其他

检出限为 0.001 mg/kg，定量限为 0.003 mg/kg。

第三节　铜的原子吸收检测方法

一、原理和方法

铜是人体健康不可缺少的微量营养素。当人体内缺少铜元素时就会引起各种疾病，如贫血、骨骼改变、易发生骨折、冠心病、白癜风病、不孕症、体温低、皮肤和毛发色素减少等。现有的研究表明，缺铜会降低人体的免疫能力，使人体乏力，导致脑功能损伤，危及健康。

食品中的铜主要来源于核仁、豆类、蜜糖、各种水果、菜茎根等。对人体的血压、免疫系统和中枢神经、头发、皮肤和骨骼组织及大脑和肝脏、心脏等内脏的发育有着非常重要的作用，可以帮助铁吸收，促进血红素形成，提高活力。对于婴儿来说添加辅食的时候可以摄入含一定量铜元素的食物。

铜在人体内含量为 $100 \sim 150$ mg，是人体中含量位居第二的必需微量元素。铜对血红蛋白的形成起活化作用，促进铁的吸收和利用，在传递电子、弹性蛋白的合成、结缔组织和代谢、嘌呤代谢、磷脂及神经组织形成方面有着重要意义，尤其是在人体的快速生长和发育时期。

铜对于大多数哺乳动物是相对无毒的，但是，食用过量的铜会造成人体铜中毒。人体急性铜中毒主要是由于误食铜盐或食用与铜容器或铜管接触的食物或饮料。大剂量铜的急性毒性反应包括口腔有金属味、流涎、上腹疼痛、恶心、呕吐及严重腹泻。摄入 100 g 或更多硫酸铜可引起溶血性贫血、肝衰竭、肾衰竭、休克、昏迷或死亡。慢性中毒可以出现在患者用铜管做血液透析的几个月后，以及葡萄园用铜化合物作为杀虫剂的工作者身上。经口摄入铜而引起慢性中毒尚未确定。长期食用大量牡蛎、肝、蘑菇、坚果、巧克力等含铜高的食品，每天铜摄入量超过正常量 10 倍以上未见慢性中毒。此外，铜对免疫功能、激素分泌等也有影响，缺铜虽对免疫功能指标有影响，但补充铜并不能使之逆转。因此，检测分析食品中的铜含量可为不同情况下的正常人与患者提供膳食计划，也可为有关科研工作者提供必要的基础数据。目前，食品中铜的检测方法有原子吸收分光光度法、比色法、极谱法、离子选择电极法和荧光分光光度法。由于原子吸收分光光度法具有选择性好、灵敏度高、简便、快捷、准确度高等特点，成为食品中铜含量测定的常用方法。本书选用石墨炉光谱法。试样经处理后，导入原子吸收分光光度计中，原子化以后，吸收 324.8 nm 共振线，其吸收值与铜含量成正比，与标准系列比较定量。

二、设备和材料

1. 设备

原子吸收光谱仪(附石墨炉及铅空心阴极灯),马弗炉,捣碎机。

2. 试剂

硝酸,石油醚,铜标准品。

3. 试剂配制

(1)硝酸(10%):取 10 mL 硝酸置于适量水中,再稀释至 100 mL。

(2)硝酸(0.5%):取 0.5 mL 硝酸置于适量水中,再稀释至 100 mL。

(3)硝酸(4:6):量取 40 mL 硝酸置于适量水中,再稀释至 100 mL。

4. 标准溶液配制

1)铜标准溶液

准确称取 1.0000 g 金属铜(99.99 %),分次加入硝酸(4:6)溶解总量不超过 37 mL,移入 1000 mL 容量瓶中,用水稀释至刻度。每毫升溶液相当于 1.0 mg 铜。

2)铜标准使用液 Ⅰ

吸取 10.0 mL 铜标准溶液,置于 100 mL 容量瓶中,用 0.5%硝酸溶液稀释至刻度,摇匀,如此多次稀释至每毫升相当于 1.0 μg 铜。

3)铜标准使用液 Ⅱ

按 2)方式,稀释至每毫升相当 0.10 μg 铜。

三、操作方法

1. 试样处理

(1)谷类(除去外壳)、茶叶、咖啡等磨碎,过 20 目筛,混匀。蔬菜、水果等试样取可食部分,切碎、捣成匀浆。称取 1.00~5.00 g 试样,置于石英或瓷坩埚中,加入 5 mL 硝酸,放置 0.5 h,小火蒸干,继续加热炭化,移入马弗炉中,(500±25)℃灰化 1 h,取出放冷,再加入 1 mL 硝酸浸湿灰分,小火蒸干。再移入马弗炉中,500℃灰化 0.5 h,冷却后取出,以 1 mL 硝酸(1:4)溶解 4 次,移入 10.0 mL 容量瓶中,用水稀释至刻度,备用。取与消化试样相同量的硝酸,按同一方法做试剂空白实验。

(2)水产类:取可食部分捣成匀浆。称取 1.00~5.00 g,以下按(1)自"置于石英或瓷坩埚中……"起依次操作。

(3)乳、炼乳、乳粉:称取 2.00 g 混匀试样,按(1)自"置于石英或瓷坩埚中……"起依次操作。

（4）油脂类：称取 2.00 g 混匀试样，固体油脂先加热融成液体，置于 100 mL 分液漏斗中，加 10 mL 石油醚，用硝酸(10%)提取 2 次，每次 5 mL，振摇 1 min，合并硝酸液于 50 mL 容量瓶中，加水稀释至刻度，混匀，备用。并同时做试剂空白实验。

（5）饮料、酒、醋、酱油等液体试样，可直接取样测定，固形物较多时或仪器灵敏度不足时，可把试样浓缩后按(1)操作。

2. 测定

（1）吸取 0.0 mL、1.0 mL、2.0 mL、4.0 mL、6.0 mL、8.0 mL、10.0 mL 铜标准使用液Ⅰ(1.0 μg/mL)分别置于 10 mL 容量瓶中，加入硝酸(0.5 %)稀释至刻度，混匀。容量瓶中每毫升分别相当于 0μg、0.10 μg、0.20 μg、0.40 μg、0.60 μg、0.80 μg、1.00 μg 铜。

将处理后的样液、试剂空白液和各容量瓶中铜标准液分别导入调至最佳条件的火焰原子化器进行测定。参考条件：灯电流 3～6 mA，波长 324.8 nm，光谱通带 0.5 nm，空气流量 9 L/min，乙炔流量 2 L/min，灯头高度 6 mm，氘灯背景校正。以铜标准溶液含量和对应吸光度，绘制标准曲线或计算直线回归方程，试样吸收值与曲线比较或代入方程求得含量。

（2）吸取 0 mL、1.0 mL、2.0 mL、4.0 mL、6.0 mL、8.0 mL、10.0 mL 铜标准使用液Ⅱ(0.10 μg/ mL)分别置于 10 mL 容量瓶中，加入硝酸(0.5%)稀释至刻度，摇匀。容量瓶中每毫升相当于 0.00 μg、0.01 μg、0.02 μg、0.04 μg、0.06 μg、0.08 μg、0.10 μg 铜。

将处理后的样液、试剂空白液和各容量瓶中铜标准液 10～20 μL 分别导入调至最佳条件的石墨炉原子化器进行测定。参考条件：灯电流 3～6 mA，波长 324.8 nm，光谱通带 0.5 nm，保护气体 1.5 L/min(原子化阶段停气)。操作参数：干燥 90℃，20 s；灰化，20 s；升到800℃，20 s；原子化 2300℃，4 s。以铜标准溶液Ⅱ系列含量和对应吸光度，绘制标准曲线或计算直线回归方程，试样吸收值与曲线比较或代入方程求得含量。

（3）受氯化钠或其他物质干扰时，可在进样前用硝酸铵(1 mg/mL)或磷酸二氢铵稀释或进样后(石墨炉)再加入与试样等量的上述物质作为基体改进剂。

四、结果分析

1. 分析结果的表述

试样中铜的含量按式(8-3)进行计算：

$$X = \frac{(A_1 - A_2) \times 1000}{m \times (V_1 / V_2) \times 1000} \qquad (8\text{-}3)$$

式中，X——试样中铜的含量，mg/kg 或 mg/L；

　　　A_1——测定用试样消化液中铜的质量，μg；

　　　A_2——试剂空白液中铜的质量，μg；

　　　m——试样质量(体积)，g 或 mL；

　　　V_1——试样消化液的总体积，mL；

　　　V_2——测定用试样消化液体积，mL。

计算结果保留两位有效数字，试样含量超过 10 mg/kg 时保留三位有效数字。

2. 精密度

在重复性条件下获得的两次独立测定结果的绝对差值不得超过算术平均值的 10%。

3. 注意事项

点火时排风装置必须打开，操作人员应位于仪器正面左侧执行点火操作，且仪器右侧及后方不能有人，点火之后千万别关空压机。

火焰法关火时一定要最先关乙炔，待火焰自然熄灭后再关空压机。

经常检查雾化器和燃烧头是否有堵塞现象。

乙炔气瓶的温度需控制在 40℃以下，同时 3m 内不得有明火。乙炔气瓶需设置在通风条件好、没有阳光照射的地方。禁止气瓶与仪器同处一个地方。

实验室要保持清洁卫生，尽可能做到无尘、无大磁场、无电场、无阳光直射和强光照射、无腐蚀性气体，仪器抽风设备良好，室内空气相对湿度应小于 70 %，温度 15～30℃。

实验室必须与化学处理室及发射光谱实验室分开，以防止腐蚀性气体侵蚀和强电磁场干扰。

离开实验室前，要关闭所有的电源开关和水气阀门。

仪器较长时间不使用时，应每周 1～2 次打开仪器电源开关通电 30 min 左右。

第四节　钠的原子吸收检测方法

一、原理和方法

生活中最常见的钠来源于食物烹调、加工过程中。家庭中最常见的是氯化钠，也就是食盐，此外还有碳酸氢钠——小苏打，还有苯甲酸钠，用作防腐剂。一般而言，蛋白质食物中的钠含量比蔬菜和谷物中多，水果中很少或不含钠。

另外，不少食品中都有钠的存在，一般在食品外包装上会有营养成分表。最常见的仍是氯化钠、苯甲酸钠(酸性防腐剂)、谷氨酸钠(味精的主要成分)、呈味核苷酸二钠等食品中的增味剂，能显著提升食物的鲜味。此外还有柠檬酸钠、碳酸钠(酸度调节剂)、亚硝酸钠(发色剂)、羧甲基纤维素钠(增稠剂)、焦亚硫酸钠(漂白剂)、六偏磷酸钠(水分保持剂)。

可见，在食品制作过程中加进食品的盐可能比食品中天然存在盐量要多许多倍。要注意的是，食品外包装的营养成分表中的钠含量指的是该食品中所有钠离子的量。那么，钠摄入超标不仅是指氯化钠，更是指摄入的所有含钠化合物中的钠的总数超标。

1. 人体内钠的功能

钠是细胞外液中主要的带正电离子，参与水的代谢，保证体内水的平衡；钠还可调节机体水分，维持体内酸和碱的平衡；钠是胰汁、胆汁、汗和泪水的组成成分，参与心肌肉和神经功的调节。

2. 钠缺乏与过量

钠在人体内一般情况下不易缺乏，但在某些情况下，如禁食、少食时，或在高温、重体力劳动、过量出汗、肠胃疾病、反复呕吐、腹泻使钠过量排出时，或某些疾病，如艾迪生病引起肾不能有效保留钠时、胃肠外营养缺钠或低钠时、因利尿剂的使用而抑制肾小管重吸收钠时均可引起钠缺乏。钠的缺乏早期症状为倦怠、淡漠、无神，甚至起立时昏倒。失钠达 0.5 g/kg 以上时，出现恶心、呕吐、血压下降、痛性肌肉痉挛，尿中无氯化物检出。

文献报道摄入食盐过量时，其皮肤可将钠储存起来并充当非活性钠的储存器，降低非活性钠的储存能力可能导致高血压。正常情况下，钠摄入过多并不蓄积，但某些情况下，如误将食盐当糖加入婴儿奶粉中喂养，则可引起中毒甚至死亡。急性中毒可出现水肿、血压上升、血浆胆固醇升高、脂肪清除率降低、胃黏膜上皮细胞受损等。中国营养学会建议每日食盐的摄入量不要超过 6 g，钠摄入过高有害健康。因此日常生活中，每个人都必须控制钠的摄入量。

3. 钠的检测意义

2008 年 5 月 1 日，中华人民共和国卫生部颁布《食品营养标签管理规范》，所有食品均须对其食品营养成分、营养名称及营养功能名称进行详细标注。该规范中要求对食品中常见营养元素的钠进行强制性检测与标注。为了满足人们的生活质量和身体健康的需要，钠含量是所有预包装食品营养标签强制标示的内容。

因此，食品中钠含量的测定对于保证人体健康具有重要的意义。本书选择的测定方法是火焰原子吸收分光光度法。

试样经处理后，导入火焰光度计中，经火焰原子化后，测定钠的发射强度，钠发射波长为 589 nm，发射强度与其含量成正比，并与标准系列比较定量。

二、设备和材料

1. 设备

火焰光度计，高型烧杯，电热板。

2. 试剂

硝酸，高氯酸，钠标准品。

3. 试剂配制

混合酸消化液：硝酸：高氯酸 = 4∶1。

4. 标准溶液配制

1) 钠标准储备溶液

将氯化钠(纯度>99.99 %)于烘箱中 110~120℃干燥 2 h。精确称取 2.5421 g 氯化钠溶于水中并移入 1000 mL 容量瓶，稀释至刻度线，储存于聚乙烯瓶内，4℃保存。每毫升此溶液相当于 1 mg 钠。

2) 钠标准使用液

吸取 10 mL 钠标准储备溶液于 100 mL 容量瓶中，用水稀释至刻度线，储存于聚乙烯瓶内，4℃保存。每毫升此溶液相当于 100 μg 钠。

三、操作方法

1. 试样处理

准确称取混合均匀的试样 0.5~1 g，湿样 1~2 g，饮料等液体试样 3~5 g 于 250 mL 高型烧杯中，加 20~30 mL 混合酸消化液，上盖表面皿，置于电热板或电沙浴上加热消化。如消化不完全，再补加几毫升酸混合液，继续加热消化，直至无色透明为止。加几毫升水，加热以除去多余的硝酸。待烧杯中的液体为 2~3 mL 时，取下冷却。用水洗并转移到 10 mL 刻度试管中，定容至刻度。取与消化试样相同量的混合酸消化液，按上述操作进行试剂空白测定。

2. 测定

1) 标准曲线的制备

分别吸取表 8-1 钠标准使用液，分别置于 100 mL 容量瓶中，用水稀释至刻度(容量瓶中钠溶液浓度如表 8-1 所示)，将消化样液、试剂空白液、钠标准稀释液分别导入火焰，测定其发射强度。测定条件：波长 589 nm，空气压强 0.4×10^5 Pa，燃气的调整以火焰中出现黄火焰为准。以钠含量对应浓度的发射强度绘制标准曲线。

表 8-1　钠元素标准系列使用液浓度

序号	1	2	3	4	5
V_{Na}/mL	0.0	1.0	2.0	3.0	4.0
c_{Na}/(μg/mL)	0.0	1.0	2.0	3.0	4.0

2）标准曲线的绘制

按照仪器说明书将仪器工作条件调整到测定钠元素的最佳状态，选用灵敏吸收线 Na 589.0 nm 将仪器调整好预热，测定钠元素标准工作液的吸光度。以标准系列使用液浓度为横坐标，对应的吸光度为纵坐标绘制标准曲线。

3）试样待测液的测定

调整好仪器最佳状态，吸喷试样待测液的吸光度及空白试液的吸光度。查标准曲线得到对应的质量浓度。

四、结果分析

1. 分析结果的表述

试样中钠的含量按(8-4)式计算：

$$X = \frac{(c_1 - c_2) \times V \times f}{m \times 1000} \times 100 \tag{8-4}$$

式中，X——试样中钠元素的含量，mg/100 g；

　　　c_1——测定液中元素的浓度，μg/mL；

　　　c_2——测定空白液中元素的浓度，μg/mL；

　　　V——样液体积，mL；

　　　f——样液稀释倍数；

　　　m——试样的质量，g。

以重复性条件下获得的两次独立测定结果的算术平均值表示，结果保留三位有效数字。

2. 精密度

在重复性条件下获得两次独立测定结果的绝对差值不得超过算术平均值的 10%。

五、影响准确性的因素

1. 火焰稳定性

火焰是产生原子激发的重要因素,故火焰稳定性是火焰光度计数据准确的重要前提。由于燃烧气与空气的最佳配比是火焰稳定的关键,故只有达到燃气/空气最佳配比点的火焰光度计才有可能实现检测数据的准确。

2. 校准误差

分析仪器的用前校准是保证分析结果准确性的重要步骤。由于人为操作误差、实验室环境波动(气温、气压、风速、电压等)往往给仪器校准引入误差,只有具备校准校正功能的火焰光度计才能有效地降低校准过程中的误差,提高分析结果的准确性。

3. 超量程误差

每次样品分析均应在火焰光度计的线性量程内进行,否则必须对样品进行稀释或浓缩,以确保其浓度在量程范围内。但由于每次样品稀释或浓缩均为引入误差的过程,并且误差随稀释或浓缩的次数而呈指数放大,故选择超大量程的火焰光度计对于有效降低此类误差极有意义。

4. 读数误差

火焰光度计的读数方式分为单点读数式和连续读数式。依据统计学原理,单点读数的数据代表性远差于连续读数的均值。故选择连续读数的火焰光度计可在很大程度上提升数据的准确性。

第五节　镍的原子吸收检测方法

一、原理和方法

食品中镍的来源十分广泛,尤其是植物性食品中,镍的含量比动物性食品高,如丝瓜、蘑菇、茄子、洋葱、竹笋、海带、黄瓜、豌豆、扁豆、大葱、大豆、芝麻、菠菜及茶叶等;而动物性食品中的肉类和海产类镍含量较多,如鸡肉、羊肉、牛肉、鲫鱼、黄鱼、虾、贝类等。从食品中吸收的镍是少量的,小肠是主要的吸收部位,吸收率很低。吸收后经代谢从粪便排泄,少量从尿中排泄。人体含镍总量为 6~10mg,广泛分布于骨骼、肺、肝、肾、皮肤等器官和组织中,其中以骨骼中的浓度最高。

镍是一种重金属,也是人体必需的微量元素,参与多种酶的合成和生命代谢过程。镍具有刺激血液生长的作用,能促进红细胞再生。有研究报道,缺镍可使胰岛素的活性减弱、糖的利用发生障碍、血液中的脂肪及类脂质含量升高。

镍能够增加胰岛素的分泌,从而降低血糖。人体吸收的镍通常是可溶性镍盐,金属镍粉基本上不被吸收。人在特定条件下过多地接触镍及其化合物,可能会影响健康。镍中毒的典型症状是皮肤损伤和呼吸系统病变。镍还能够引起多种癌症,并有致突变作用。镍及其化合物还被广泛用于各种制造业,也可作为氢化法制造人造奶油的催化剂。因此,为了预防食品中镍对人体的潜在危害和加强食品卫生管理及食品卫生法的执行,测定食品中的镍是尤为必要的。

在实际检测镍元素时,广泛采用石墨炉原子吸收分光光度法,主要根据短波长范围内出现分子吸收或光散射、产生背景吸收来进行。本节内容主要是用石墨炉原子吸收分光光度法测定食品中的镍。试样经消化后,导入原子吸收分光光度计石墨炉中,电热原子化后,吸收 232.0 μm 共振线,吸光度与镍含量成正比,与标准系列比较定量。

二、设备和材料

1. 设备

原子吸收分光光度计(附石墨炉及镍空心阴极灯),压力消解罐(100 mL 容量),实验室常用设备。

2. 试剂

除非另有说明,要求使用优级纯试剂;硝酸,过氧化氢,镍标准品。

3. 试剂配制

(1)硝酸(1:1):取 50 mL 硝酸,加水稀释至 100 mL。

(2)硝酸(0.5 mol/L):取 3.2 mL 硝酸加入 50 mL 水中,稀释至 100 mL。

4. 标准溶液配制

1)镍标准储备液

精确称取 1.0000 g 镍粉(99.99%)溶于 30 mL 硝酸(1:1)中,加热溶解,移入 1000 mL 容量瓶中,加水稀释至刻度。每毫升此溶液相当于 1.0 mg 镍。

2)镍标准使用液

临用时,标准储备液用 0.5 mol/L 硝酸逐级稀释,配成每毫升相当于 200 μg 镍的镍标准使用液。

三、操作方法

(一)试样预处理

(1)粮食、豆类去除杂物、尘土等,碾碎,过 30 目筛,储存于聚乙烯瓶中,保存备用。

(2)新鲜试样，洗净，晾干，取可食部分，捣碎混匀备用。

(二)试样消解

1. 湿法消解

称取干样 0.3～0.5 g 或鲜样 5 g(精确至 0.001 g)于 150 mL 锥形烧瓶中，加入 15 mL 硝酸，瓶口加一小漏斗，放置过夜。次日置于铺有沙子的电热板上加热，待激烈反应后，取下稍冷好，缓加入 2 mL 过氧化氢，继续加热消解。反复补加过氧化氢和适量硝酸，直至不再产生棕色气体。再加入 25 mL 去离子水，煮沸除去多余的硝酸，重复处理两次，待溶液接近 1～2 mL 时取下冷却。将消解液移入 10 mL 容量瓶中，用水分次洗烧瓶，定容至刻度，混匀。同时做空白实验。

2. 高压水解

(1)称取粮食、豆类等试样 0.2～1.0 g(精确至 0.001 g)，置于聚四氟乙烯塑料罐内，加入 5 mL 硝酸，放置过夜，再加 7mL 过氧化氢，盖上内盖放入不锈钢外套中，将不锈钢外盖和外套旋紧密封。放入恒温箱，在 120℃恒温 2～3 h，至消解完全后，自然冷却至室温。将消解液移至 25 mL 容量瓶中，用少量水多次洗罐，一并移入容量瓶，定容至刻度，摇匀。同时做空白实验，待测。

(2)蔬菜、肉类、鱼类及蛋类水分含量高的鲜样，用捣碎机打成匀浆，称取匀浆 2.0～5.0 g(精确至 0.001 g)，置于聚四氟乙烯塑料罐内，加盖留缝置于 80 ℃鼓风干燥箱或一般烘箱至近干，取出，加入 5 mL 硝酸放置过夜以下按(1)中"再加 7 mL 过氧化氢"起依次操作。

(三)标准系列的制备

分别吸取镍标准液(200 μg/mL)0 mL、0.50 mL、1.00 mL、2.00 mL、3.00 mL、4.00 mL 于 10 mL 容量瓶中，用 0.5 mol/L 硝酸稀释至刻度，混匀。

(四)测定

1. 仪器条件

将原子吸收分光光度计调试到测镍最佳状态。参考条件：波长 232.0 μm；狭缝 0.15 μm；灯电流 4 mA；干燥 150℃，20 s；灰化 1050℃，20 s；原子化 2650℃，4 s；氘灯或塞曼背景校正。

2. 试样测定

将空白液、镍标准系列液和消解好的样液分别注入石墨炉进行测定，进样量 20 μL。

四、结果分析

1. 分析结果的表述

试样中镍含量按式(8-5)计算：

$$X = \frac{(A_1 - A_2) \times V \times 1000}{m \times 1000} \tag{8-5}$$

式中，X——试样中镍的含量，μg/kg；

A_1——测定样液中镍的含量，ng/mL；

A_2——空白液中镍的含量，ng/mL；

V——试样定容体积，mL；

m——试样质量，g。

2. 精密度

在重复性条件下获得的两次独立测定结果的绝对差值不得超过算术平均值的 10%。

3. 检测限

本方法检出限为 1.4 μg/ mL；线性范围为 0～100 μg/ mL。

第六节　铬的原子吸收检测方法

一、原理和方法

铬是动物和人体必不可少的微量营养素之一，其主要作用是帮助维持身体中所允许的正常葡萄糖含量。饮食中供铬不足与葡萄糖和类脂同化作用的改变有关。肠胃中铬的吸收与食品中元素的化学结构有关。研究表明，饮食中摄入的无机铬只有 1%被吸收，铬一旦被吸收，便迅速离开血液分布于各个器官中，特别是肝脏，有 3 价铬存在。在所有细胞组织中铬的浓度都随着年龄的增加而下降。吸收的铬主要通过肾脏排泄。人体的头发含铬浓度最高，为 0.2～2.0 mg/kg。

铬的最好来源是肉类，尤以肝脏和其他内脏是生物有效性最高的铬的来源。啤酒酵母、未加工的谷物、麸糠、硬果类、乳酪也提供较多的铬；软体动物、海藻、红糖、粗砂糖、苹果皮、香蕉、牛肉、啤酒、面包、黄油、鸡、玉米粉、植物油和全麦也含有较多的铬。

铬的含量直接影响人们的身体健康,与人们的生活息息相关。尤其 2012 年"含铬的工业明胶"流入食品企业代替食品级明胶使用,引发了食品、药品铬的超标问题。近年来,食品中的铬污染越来越严重,因为铬是一种毒性很大的金属,可导致皮肤过敏、溃疡、鼻中隔穿孔和支气管哮喘等,是已知的致癌物。过量含铬化合物进入人体可引起肾脏衰竭,引发肾功能及尿中酶和蛋白质含量的改变,严重的可能导致肾脏坏死。因此,必须预防和控制铬对食品的污染以确保食品的安全、卫生。

目前针对铬含量的测定主要采用原子吸收光谱仪(又称原子吸收分光光度计)进行测量。它根据物质基态原子蒸气对特征辐射吸收的作用来进行铬元素分析,能够灵敏可靠地测定铬元素的含量,及时检测食品是否被铬污染或铬的含量是否超标,确保食品安全、卫生。本书选择石墨炉原子吸收光谱法测定食品中的铬。试样经消解处理后,采用石墨炉原子吸收光谱法,在 357.9 nm 处测定吸收值,在一定浓度范围内其吸收值与标准系列溶液比较定量。

二、设备和材料

1. 设备

原子吸收光谱仪(配石墨炉原子化器,附铬空心阴极灯),微波消解系统(配有消解内罐),可调式电热炉,可调式电热板,压力消解器(配有消解内罐),马弗炉,恒温干燥箱,电子天平。

2. 材料

硝酸,高氯酸,磷酸二氢铵,重铬酸钾标准品。

3. 试剂配制

(1)硝酸溶液(5∶95):量取 50 mL 硝酸慢慢倒入 950 mL 水中,混匀。

(2)硝酸溶液(1∶1):量取 250 mL 硝酸慢慢倒入 250 mL 水中,混匀。

(3)磷酸二氢铵溶液(20 g/L):称取 2.0 g 磷酸二氢铵,溶于水中,并定容至 100 mL,混匀。

4. 标准溶液配制

1)铬标准储备液

准确称取基准物质重铬酸钾(110℃,烘 2 h)1.4315 g(精确至 0.0001 g)溶于水中,移入 500 mL 容量瓶中,用硝酸溶液(5∶95)稀释至刻度,混匀。每毫升此溶液含 1.000 mg 铬。或购置经国家认证并授予标准物质证书的铬标准储备液。

2)铬标准使用液

将铬标准储备液用硝酸溶液(5∶95)逐级稀释至每毫升含 100 ng 铬。

3)标准系列溶液的配制

分别吸取铬标准使用液(100 ng/mL)0 mL、0.500 mL、1.00 mL、2.00 mL、3.00 mL、4.00 mL 于 25 mL 容量瓶中，用硝酸溶液(5∶95)稀释至刻度，混匀。各容量瓶中每毫升分别含铬 0 ng、2.00 ng、4.00 ng、8.00 ng、12.0 ng、16.0 ng，或采用石墨炉自动进样器自动配制。

三、操作方法

1. 样品的预处理

(1)粮食、豆类等去除杂物后，粉碎，装入洁净的容器内，作为试样。密封，并标明标记，试样应于室温下保存。

(2)蔬菜、水果、鱼类、肉类及蛋类等水分含量高的鲜样，直接打成匀浆，装入洁净的容器内，作为试样。密封，并标明标记。试样应于冰箱冷藏室保存。

2. 样品消解

1)微波消解

准确称取试样 0.2～0.6 g(精确至 0.001 g)于微波消解罐中，加入 5 mL 硝酸按照微波消解操作步骤消解试样。冷却后取出消解罐，在电热板上于 140～160℃赶酸至 0.5～1.0 mL。消解罐放冷后，将消化液转移至 10 mL 容量瓶中，用少量水洗涤 2～3 次合并洗涤液，用水定容至刻度。同时做试剂空白实验。

2)湿法消解

准确称取试样 0.5～3 g(精确至 0.001 g)于消化管中，加入 10 mL 硝酸、0.5 mL 高氯酸，在可调式电热炉上消解(参考条件：120℃保持 0.5～1 h，升温至 180 ℃，保持 2～4 h，升温至 200～220℃)。若消化液呈棕褐色，再加硝酸，消解至冒白烟，消化液呈无色透明或略带黄色，取出消化管，冷却后用水定容至 10 mL。同时做试剂空白实验。

3)高压消解

准确称取试样 0.3～1 g(精确至 0.001 g)于消解内罐中，加入 5 mL 硝酸。盖好内盖，旋紧不锈钢外套，放入恒温干燥箱，于 140～160 ℃下保持 4～5 h。在箱内自然冷却至室温，缓慢旋松外罐，取出消解内罐，放在可调式电热板上于 140～160 ℃赶酸至 0.5～1.0 mL。冷却后将消化液转移至 10 mL 容量瓶中，用少量水洗涤内罐和内盖 2～3 次，合并洗涤液于容量瓶中并用水定容至刻度。同时做试剂空白实验。

4) 干法灰化

准确称取试样 0.5~3 g(精确至 0.001 g)于坩埚中，小火加热，炭化至无烟，转移至马弗炉中，于 550℃恒温 3~4 h。取出冷却，对于灰化不彻底的试样，加数滴硝酸，小火加热，小心蒸干，再转入马弗炉中，于 550℃恒温 1~2 h。至试样呈白灰状，从高温炉取出冷却，用硝酸溶液(1∶1)溶解并加水定容至 10 mL。同时做试剂空白实验。

3. 测定

1) 标准曲线的制作

将标准系列溶液工作液按浓度由低到高的顺序分别取 10 μL(可根据使用仪器选择最佳进样量)，注入石墨管，原子化后测其吸光度，以浓度为横坐标，吸光度为纵坐标，绘制标准曲线。

2) 试样测定

在与测定标准溶液相同的实验条件下,将空白溶液和样品溶液分别取 10 μL(可根据使用仪器选择最佳进样量)，注入石墨管，原子化后测其吸光度，与标准系列溶液比较定量。对有干扰的试样应注入 5 μL(可根据使用仪器选择最佳进样量)的磷酸二氢铵溶液(20.0 g/L)。

四、结果分析

1. 分析结果的表述

试样中铬含量的按式(8-6)计算：

$$X = \frac{(c - c_0) \times V}{m \times 1000}　　　　(8-6)$$

式中，X——试样中铬的含量，mg/kg；

　　　　c——测定样液中铬的含量，ng/mL；

　　　　c_0——空白液中铬的含量，ng/mL；

　　　　V——样品消化液的定容总体积，mL；

　　　　m——样品称样量，g；

　　　　1000——换算系数。

当分析结果≥1 mg/kg 时，保留三位有效数字；当分析结果<1 mg/kg 时，保留两位有效数字。

2. 精密度

在重复性条件下获得的两次独立测定结果的绝对差值不得超过算术平均值的 20%。

3. 检测限

以称样量 0.5 g，定容至 10 mL 计算，本方法检出限为 0.01 mg/kg，定量限为 0.03 mg/kg。

第七节　锰的原子吸收检测方法

一、原理和方法

锰是正常机体必需的微量元素之一，它可构成体内多种有重要生理作用的酶，包括锰特异性的糖基转移酶和磷酸烯醇丙酮酸羧基酶的一个成分，并为正常骨结构所必需。成年人体内锰的总量为 200～400 nmol，分布在身体各种组织和体液中。骨、肝、胰、肾中锰浓度较高；脑、心、肺和肌肉中锰的浓度低于 20 nmol/g；全血和血清中的锰浓度分别为 200 nmol/L 和 20 nmol/L。在 1913 年已经知道锰是动物组织的成分之一，但从 1931 年才陆续在多种动物实验中发现缺锰的表现，从而确认锰是动物的必需微量元素之一。有人提出，锰缺乏可能是人类的一个潜在的营养问题。锰缺乏还可能与某些疾病有关。有报道曾称，在骨质疏松、糖尿病、动脉粥样硬化、癫痫、创伤愈合不良的患者中存在膳食锰摄入少，血锰、组织锰偏低的问题。

成年人每日锰供给量为每千克体重 0.1mg，通常摄入量为每天 2～5 mg，吸收率为 5%～10%，其摄入量差别很大，主要取决于是否食入锰含量丰富的食品如非精制的谷类食物、绿叶蔬菜和茶。食物中茶叶、坚果、粗粮、干豆含锰较多，蔬菜和干鲜果中锰的含量略高于肉、乳和水产品，鱼肝、鸡肝含锰量比其肉多。一般荤素混杂的膳食，每日可供给 5mg 锰，基本可以满足需要。偏食精米、白面、肉类、乳类，会出现锰的含量低的现象。当正常人出现体重减轻、性功能低下、头发早白可怀疑锰摄入不足。

成年人的锰的最高可耐受摄入量为 10 mg/d。锰中毒通常只限于采矿和精炼矿石的人，长期接触锰可引起类似帕金森综合征或威尔逊(Wilson)病类的神经症状。

因此，检测食品中的锰元素对人体生理功能、代谢吸收的研究有一定的意义。本书采用火焰原子吸收法进行测定。试样经干法灰化，分解有机质后，加酸使灰分中的无机离子全部溶解，直接吸入空气-乙炔火焰中原子化，并在光路中测定锰原子对特定波长谱线的吸收。

二、设备和材料

1. 设备

原子吸收分光光度计，锰空心阴极灯，分析用钢瓶乙炔气，空气压缩机，石英坩埚或瓷坩埚，马弗炉，天平。

2. 试剂

盐酸，硝酸，氯化钾(光谱纯)，氯化钠(光谱纯)，金属锰(光谱纯)。

3. 试剂配制

(1)盐酸 A(2%)：取 2mL 盐酸，用水稀释至 100 mL。

(2)盐酸 B(20%)：取 20 mL 盐酸，用水稀释至 100 mL。

(3)硝酸溶液(50%)：取 50 mL 硝酸，用水稀释至 100 mL。

4. 标准溶液配制

1)锰标准溶液(1000 μg/mL)

称取金属锰 1.0000 g，用 40 mL 硝酸溶解，并用水定容于 1000 mL 容量瓶中。也可以直接购买该元素国家认证的标准物质作为标准溶液。

2)锰标准储备液

准确吸取锰标准溶液 10.0 mL，用盐酸 A 定容到 100 mL，再从定容后溶液中准确吸取 4.0 mL，用盐酸 A 定容到 100 mL，得到锰标准储备液。锰的质量浓度为 4.0 μg/mL。

三、操作方法

(一)试样处理

称取混合均匀的固体试样约 5 g 或液体试样约 15 g(精确到 0.0001 g)于坩埚中，在电炉上微火炭化至不再冒烟，再移入马弗炉中，490±5 ℃灰化约 5 h。如果有黑色炭粒，冷却后，则滴加少许硝酸溶液湿润。在电炉上小火蒸干后，再移入 490 ℃高温炉中继续灰化成白色灰烬。冷却至室温后取出，加入 5 mL 盐酸 B，在电炉上加热使灰烬充分溶解。冷却至室温后，移入 50 mL 容量瓶中，用水定容，同时处理至少两个空白试样。

(二)测定试样待测液的制备

用 50 mL 的试液直接上机测定，为保证试样待测试液浓度在标准曲线线性范围内，可以适当调整试液的定容体积和稀释倍数。

(三)测定

1. 标准曲线的制备

(1)标准系列使用液的配制。分别准确吸取标准储备液于 100 mL 容量瓶中，配制锰使用液，用盐酸 A 定容。配制标准系列使用液所吸取锰元素标准储备液的体积分别为 2.0 mL、4.0 mL、6.0 mL、8.0 mL、10.0 mL。锰的质量浓度分别为 0.08 μg/ mL、0.16 μg/ mL、0.24 μg/ mL、0.32 μg/ mL、0.40 μg/ mL。

(2)标准曲线的绘制。按照仪器说明书将仪器工作条件调整到测定各元素的最佳状态，选用灵敏吸收线 Mn 279.5 nm，将仪器调整好预热后，测定锰时用毛细管吸喷盐酸 A 调零。测定锰元素标准工作液的吸光度。以标准系列使用液浓度为横坐标，对应的吸光度为纵坐标绘制标准曲线。

2. 试样待测液的测定

调整好仪器最佳状态，测锰用盐酸 A 调零。分别吸喷试样待测液的吸光度及空白试液的吸光度。查标准曲线得到对应的质量浓度。

四、结果分析

1. 分析结果的表述

试样中锰的含量按式(8-7)计算：

$$X = \frac{(c_1 - c_2) \times V \times f}{m} \times 100 \tag{8-7}$$

式中，X——试样中锰元素的含量，μg/100 g；

c_1——测定液中元素的浓度，μg/mL；

c_2——测定空白液中元素的浓度，μg/mL；

V——样液体积，mL；

f——样液稀释倍数；

m——试样的质量，g。

以重复性条件下获得的两次独立测定结果的算术平均值表示，钙、镁、钠、钾、锰、铜、铁、锌结果保留三位有效数字。

2. 精密度

在重复性条件下获得两次独立测定结果的绝对差值不得超过算术平均值的 15%。

第八节　钙的原子吸收检测方法

一、原理和方法

钙是人体内重要的元素之一，其质量占人体质量的 1.6%～2.2%。人体绝大多数钙集中于骨骼、牙齿等，细胞外液也存在钙元素，只占 0.2%左右，还有 0.7% 左右的钙元素存在于其他组织中。在机体的硬质组织中，钙多以碳酸盐等形式存在，而在软组织和细胞外液中钙的形式以单质或化合物为主。钙除了影响人体的骨骼、牙齿外，还有调节心率、控制炎症和水肿、维持酸碱平衡、调节激素分泌、激发某些酶的活性、参与神经和肌肉活动及神经递质的释放等作用，对维持身体健康、促进身体发育具有十分重要的作用。

食品中含钙量最高的食物是芝麻酱，每 100 g 含钙量为 1057 mg，比蔬菜和豆类都多。其次是高钙海产品海带和虾皮，每天食用 25 g，就可以补钙 300 mg。并且它们还能够降低血脂，预防动脉硬化。再次是牛奶，0.25kg 牛奶含钙 300 mg，还含有多种氨基酸、乳酸、矿物质及维生素，促进钙的消化和吸收。牛奶中的钙质更易被人体吸取，因此，牛奶应该作为日常补钙的主要食品。其他奶类制品如酸奶、奶酪、奶片，都是良好的钙来源。其他食品如豆制品、动物骨头和蔬菜中也都含大量的钙。豆类是高蛋白食物，含钙量也很高，500g 豆浆含钙 120 mg，150 g 豆腐含钙就高达 500 mg，其他豆制品也是补钙的良品。动物骨头里 80%以上都是钙，但是不溶于水，难以吸收，因此在制作成食物时可以事先将其敲碎，加醋后用文火慢煮。食用时去掉浮油，放些青菜即可做成一道美味鲜汤。蔬菜中也有许多高钙的品种，小白菜、油菜、茴香、芫荽、芹菜等每 100 g 钙含量也在 150 mg 左右。

钙对人体非常重要，是提供身体所有机能的重要营养素。换句话说，钙质一旦不足，身体就无法正常运作，进而引发各种问题。例如，缺钙会影响牙齿和骨骼的正常发育和造成佝偻病；钙摄入不足或吸收不良，还会降低骨密度，导致骨质疏松。而且人体每天自汗水及尿液中排出钙质，这些被消耗的钙质也必须从每日摄取的营养中补充，以达到身体钙质的平衡。但由于钙属于不容易被吸收的营养素，因此随着人们对健康的日趋关注，很多人希望通过补钙来保护健康。所以食品中钙元素的测定也就显得至关重要。

钙测定方法主要有配位滴定法、火焰原子吸收法和电感耦合等离子体质谱等。配位滴定法由于人为读数，误差较大；电感耦合等离子体质谱价格昂贵，限制了其使用范围，本书采用的测定方法是火焰原子吸收法。试样经湿法消化后，导入原子吸收分光光度计中，经火焰原子化后，吸收 422.7 nm 的共振线，其吸收量与含量成正比，与标准系列比较定量。

二、设备和材料

1. 设备

原子吸收分光光度计，实验室常用设备。

2. 试剂

盐酸，硝酸，高氯酸，氧化镧，碳酸钙标准品。

3. 试剂配制

(1) 混合酸消化液：硝酸：高氯酸=4：1。

(2) 硝酸溶液(0.5 mol/L)：量取 32 mL 硝酸，加去离子水并稀释至 1000 mL。

(3) 镧溶液(20 g/L)：称取 23.45mg 氧化镧(纯度大于 99.99 %)，用少量去离子水润湿，缓慢加入 75 mL 盐酸于 1000 mL 容量瓶中，加去离子至刻度线，充分混匀定容。

4. 标准溶液配制

1) 钙标准溶液(1000 μg/mL)

称取干燥的碳酸钙(纯度大于 99.99 %)1.2486 g，加盐酸溶液溶解，移入 1000 mL 容量瓶中并用水定容，加入 20 g/L 镧溶液稀释至刻度线。储存于聚乙烯瓶中，4 ℃保存。每毫升此溶液相当于 500 μg 钙。

2) 钙标准使用液

钙标准使用液见表8-2。钙标准使用液配制后，储存于聚乙烯瓶中，4 ℃保存。

表 8-2　使用液配制法

元素	标准溶液浓度/(μg /mL)	吸取标准溶液量/mL	稀释体积(容量瓶)/mL	标准使用液浓度/(μg /mL)	稀释溶液
钙	500	5.0	100	25	20g/L 氧化镧溶液

三、操作方法

1. 试样处理

微量元素分析的试样制备过程中应特别注意的是防止各种污染。所用设备如电磨、绞肉机、匀浆器、打碎器等必须是不锈钢制品。所用容器必须是玻璃或聚乙烯制品。该测试不得用石墨研碎。鲜样(如蔬菜、水果、鲜肉、鲜鱼等)先用自来水冲洗干净。干粉类试样(如面粉、奶粉等)取样后立即装容器密封保存，防止空气中的灰尘和水分污染。

2. 试样消化

精确称取均匀干试样 0.5～1.5 g(湿样 2.0～4.0 g，饮料等液体试样 5.0～10.0 g)于 250 mL 高型烧杯，加混合酸消化液 20～30 mL，盖上表面皿。置于电热饭或沙浴上加热消化。如未消化好而酸液过少时，再补加几毫升混合酸消化液，继续加热消化，直至无色透明为止，加几毫升水，加热以除去多余的硝酸。待烧杯中液体为 2～3 mL 时，取下冷却。用 20 g/L 氧化镧溶液洗涤并转移至 10 mL 刻度试管中，并定容至刻度。

取与消化试样相同量的混合酸消化液，按上述操作做试剂空白实验测定。

3. 测定

将钙标准使用溶液分别配制不同浓度系列的标准稀释液，见表 8-3，测定操作见表 8-4。

表 8-3 不同浓度系列标准稀释液的配制方法

元素	使用液浓度 /(μg/mL)	吸取使用液量 /mL	稀释体积/mL	标准系列浓度 /(μg/mL)	稀释溶液
钙	25	1	50	0.5	20g/L 氧化镧溶液
		2		1	
		3		1.5	
		4		2	
		6		3	

表 8-4 测定操作参数

元素	波长/nm	光源	火焰	标准系列浓度范围 /(μg/mL)	稀释溶液
钙	422.7	可见光	空气-乙炔	0.5～3.0	20g/L 氧化镧溶液

其他实验条件：仪器狭缝、空气及乙炔的流量、灯头高度、元素灯电流均按使用仪器说明调至最佳状态。

将消化好的试样、试剂空白液和钙元素的标准浓度系列分别导入火焰进行测定。

四、结果分析

1. 分析结果的表述

样品中的钙含量按式(8-8)计算：

$$X = \frac{(c_1 - c_0) \times V \times f \times 100}{m \times 1000} \tag{8-8}$$

式中，X——试样中钙元素的含量，mg/100g；

c_1——测定液中元素的浓度，μg/mL；

c_0——测定空白液中元素的浓度，μg/mL；

V——样液体积，mL；

f——样液稀释倍数；

m——试样的质量，g。

以重复性条件下获得的两次独立测定结果的算术平均值表示，结果保留两位有效数字。

2. 精密度

在重复性条件下获得两次独立测定结果的绝对差值不得超过算术平均值的10%。

3. 检测限

原子吸收分光光度法检测限为 0.1 μg，线性范围为 0.5～2.5 μg；滴定法线性范围为 5～50 μg。

参 考 文 献

安红敏, 郑伟, 高扬. 2007. 镉的健康危害及干预治疗研究进展. 环境与健康杂志, 24(9): 739-742.

曹珺, 赵丽娇, 钟儒刚. 2012. 原子吸收光谱法测定食品中重金属含量的研究进展. 食品科学, 33(7): 304-309.

曹利慧. 2013. 食品中铜含量测定方法的研究进展. 化工管理. 08: 185-186.

曹秀珍, 曾婧. 2014. 我国食品中铅污染状况及其危害. 公共卫生与预防医学, 25(6): 77-79.

甘志勇, 彭靖茹. 2008. 石墨炉原子吸收法测定豆奶中铅和镉. 分析科学学报, 12: 723-725.

黄安香, 杨霞, 李丹, 等. 2016. 食品中的重金属检测技术应用进展. 应用化工, 9: 46-47.

蒋晓凤, 赵一先. 2008. 石墨炉原子吸收光谱法测定大气降水中铬镍铅. 环境监测管理与技术, 20 (6): 47-48.

康丽娟, 孙凤春. 2006. 镍与人体健康及毒理作用. 世界元素医学, 13 (3): 39-42.

孔子青, 仲光凤. 2012. 火焰原子吸收分光光度法测定食品中的钙. 山东畜医, 1: 16-17.

劳文燕, 张志广, 陈蓉. 2013. 几种不同风味牛奶中钙、镁、锌元素的含量测定. 北京联合大学学报, 1: 82-86.

李国鑫, 吕国良. 2015. 原子吸收测定食品中钙影响因素及排除. 分析测试, 5: 83-85.

李燕群. 2008. 原子吸收谱法在重金属铅镉分析中的应用进展. 冶金分析, 28(6): 33-41.

林凯, 张慧敏, 张红宇, 等. 2016. 测定食品中锰含量前处理方法的改进. 职业与健康, 32(15): 45-47.

刘辉, 周志贞. 2008. 纳米 TiO_2 富集分离石墨炉原子吸收法测定食物中的锰. 化工时刊, 31(9): 108-110.

齐颖. 2006. 铬元素的基础探究. 中国食物与营养, 1: 37-38.

宋媛媛, 王非, 李强, 等. 2013. 肥胖患者皮肤组织钠、钾离子浓度的检测及临床意义. 第三军医大学学报, 35(7): 661-664.

苏丹丹. 2015. 食品中钙的测定方法研究. 山西师范大学学报, 6: 32-34.

孙卫明, 王权帅, 王英杰. 2012. 食品中铬的石墨炉原子吸收光谱测定法的改进. 职业与健康, 10: 6-10.

王峗. 2006. 食品中铅、镉污染状况分析及控制对策研究. 长春: 吉林大学.

王立, 芳兰云, 杨仁康. 2014. 快速酸浸提-石墨炉原子吸收法测定大米中镉. 中国卫生检验杂志, 24(17): 53-55.

王民. 2002. 食品中镉的快速检测方法研究. 重庆: 第三军医大学.

威尔茨. 1989. 原子吸收光谱法. 李家熙, 陈耀惠, 郭铁铮, 等译. 北京: 地质出版社, 51-52.

武开业. 2012. 测定地下水中的钠离子和钾离子. 中国科技信息, (8): 65-66.

游勇, 鞠荣. 2007. 重金属对食品的污染及其危害. 学术交流, 6(2):102-103.

赵道辉, 金玉铃, 林昇强. 1999. 常见食物中铜含量分析. 中国营养学会第六届微量元素营养学术会议论文摘要汇编.

赵道辉, 林国斌, 金玉玲. 2000. 原子吸收光谱法测定食品中的锰. 现代科学仪器, 2: 46.

赵杰文 孙永海. 2008. 现代食品检测技术. 北京: 中国轻工业出版社, 120(15): 138-139.

赵丽杰, 赵丽萍, 李量, 等. 2012. 微波消解-火焰原子吸收光谱法测定食品中的痕量镍. 食品科学, 33 (24): 260-262.

赵志磊, 夏立娅, 庞燕萍, 等. 2010. 市场中食品添加剂及添加明胶的食品中铬含量本底调查. 食品科技, 2: 50-52.

中华人民共和国卫生部. 2008. 食品营养标签管理规范. 中国食品卫生杂志, 20 (3): 271-282.

周晓芬. 2009. 火焰原子吸收光谱法测定奶类食品中铜锌铁锰. 新疆有色金属, 2: 23.

GB 5009. 12—2017 食品安全国家标准 食品中铅的测定, 2017.

GB 5009. 15—2014 食品安全国家标准 食品中镉的测定, 2014.

GB/T 5009. 123—2014 食品安全国家标准 食品中铬的测定, 2014.

GB/T 5009. 13—2017 食品安全国家标准 食品中铜的测定, 2017.

GB/T 5009. 138—2017 食品安全国家标准 食品中镍的测定, 2017.

GB/T 5009. 242—2017 食品安全国家标准 婴幼儿食品和乳品中钙铁锌钠钾镁铜和锰的测定, 2017.

GB/T 5009. 91—2017 食品安全国家标准 食品中钾、钠的测定, 2017.

GB/T 5009. 92—2016 食品安全国家标准 食品中钙的测定, 2016.

第九章　食品微生物检测

一、方法原理

　　食品和水及空气一样都是人类生活的必需品，是人类生命的能源。食品微生物检测就是应用微生物学的理论与方法，研究外界环境和食品中微生物学的种类、数量、性质、活动规律及其对人和动物健康的影响，从而判断食品原材料、食品加工环境和食品卫生情况，能够对食品被细菌污染的程度做出正确的评价，保障人们的饮食安全。

二、研究进展

　　微生物具有个体小、分布广、繁殖快和代谢强度高等特点。食品从原辅料采购、储存、生产到消费的各个环节都可能受到微生物的污染，引起腐败和带毒，导致食用者发生食物中毒；还可能通过食品传播致病微生物，导致食品安全性受到影响。我国正全面实施的食品质量安全市场准入制度，也把菌落总数和大肠菌群(有微生物检验项目)明确列为企业出厂检验项目和有关行政部门监督检验项目，以便监控生产，保障消费，为社会提供安全的食品。

　　随着人们生活水平的不断提高，食品安全问题受到人们的重视。食品在生产、加工、储存、运输、销售等各个环节中都有可能受到各种微生物的污染。一旦污染，微生物将在食品中大量繁殖而引起腐败变质，或产生有毒有害物质，导致食源性感染和食物中毒。近年来气候的变化、环境的污染和生态平衡的破坏，可导致人类感染的致病菌的种类越来越多，病原微生物对人类的威胁越来越大。2010 年 8 月，贵州省质量技术监督局发布《产品质量监督抽查结果公告》，4 批次辣椒制品细菌总数超标。国家质量监督检验检疫总局公布的 2009 年 7 月进境不合格食品名单中，上海某公司从印度尼西亚进口的 8.22t 丹麦皇冠牛油曲奇饼干因检出细菌总数超标被销毁。2010 年国家质量监督检验检疫总局公布 2010 年 5 月由大连某公司进口的 1.05t 乐天牌杏仁巧克力棒饼干，因检出大肠菌群超标被销毁。

　　常用的食品微生物检测技术是传统的培养基培养计数法，培养计数法主要依赖于微生物富集培养、选择性分离、生化鉴定，操作步骤繁杂，检测周期长。近年来，在食品微生物检测技术中，随着应用仪器与技术的不断更新，免疫学技术、分子生物学技术、仪器自动化技术等开辟了食品微生物检测与鉴定的新途径。免疫学技术是对抗原或抗体进行定性、定量、定位的检测。分子生物学技术是通过对 DNA 片段的扩增，检测扩增产物含量，从而快速对食品中微生物进行检测，包括聚合酶链式反应(PCR)技术、基因芯片技术和核酸探针技术。PCR 技术是通过对人工难以培养的微生物相应 DNA 片段的扩增，检测扩增产物含量，从而快速地对食品中致病菌含量进行检测；基因芯片技术用于检测生物不同发育阶段或病原体不同致病阶段的基因表达情况；核酸探针技术，就是碱基配对，即将带标记物的已知序列的核酸片段和与其互补的核酸序列杂交，形成双链，可用于待测样品中微生物特定基因序列的检测，判定样品中是否存在微生物及其类别，如 DNA 探针。仪器自动化技术是依据不同微生物化学组成或其产生代谢产物各异，在色谱图中显示出微生物的特征峰，从而鉴定出食品中的微生物，如 HPLC 技术检测黄曲霉等。

从研究进展中可以看出，运用免疫学技术、分子生物学技术、仪器自动化技术等检测技术检测食品中微生物快捷、简便，对食品微生物检测的准确性具有显著的促进作用；但传统的培养基培养计数法所需仪器设备简单、易于操作，实验成本低。

第一节　食品中菌落总数测定

一、原理和方法

菌落总数就是指在一定条件下(如需氧情况、营养条件、pH、培养温度和时间等)每克(每毫升)检样所生长出来的细菌菌落总数。通过菌落总数的测定可以在一定程度上判断产品卫生情况的优劣。食品的菌落总数超标，微生物将会大量繁殖，破坏食品的营养成分，加速食品的腐败变质，使食品失去食用价值。消费者食用微生物超标严重的食品，很容易患痢疾等肠道疾病，可能引起呕吐、腹泻等症状，危害人体健康。

菌落总数是判定食品新鲜程度和微生物污染程度的质量安全指标，用于食品质量分析及卫生学评价。并可应用这一方法观察细菌的性质及在食品储存、加工、运输等过程中细菌繁殖、死亡的动态，以反映食品在生产、加工、销售过程中是否符合卫生要求，为被检样品进行卫生学评价时提供依据。

平板菌落计数法是统计食品含菌数的有效方法。应用平板菌落计数技术测定水中的细菌总数，以国标中的方法进行分析，以探讨更好的方法。将待测样品经适当稀释后，其中的微生物充分分散成单个细胞，取一定量的稀释样液涂布到平板上，经过培养，由每个单细胞生长繁殖而形成肉眼可见的菌落，即一个单菌落应代表原样品中的一个单细胞。菌落计数以菌落形成单位(CFU)表示。统计菌落数，根据其稀释倍数和取样接种量即可换算出样品中的含菌数。

二、设备和材料

1. 设备

除微生物实验室常规灭菌及培养设备外，其他设备如下：恒温培养箱，冰箱，恒温水浴箱，天平，均质器，振荡器，无菌吸管(1 mL、10 mL)或微量移液器及吸头，锥形瓶，培养皿(90 mm)，pH 计或 pH 比色管或精密 pH 试纸，菌落计数器。

2. 材料

平板计数琼脂培养基，磷酸盐缓冲液，无菌生理盐水(参见第五部分"培养基和试剂")。

三、操作方法

(一)检验程序

菌落总数的检验程序见图 9-1。

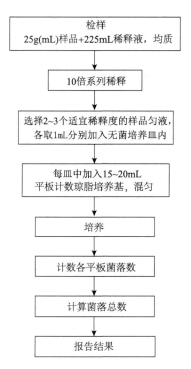

图 9-1 菌落总数的检验程序

(二) 操作步骤

1. 样品的稀释

(1) 固体和半固体样品：称取 25 g 样品置于盛有 225 mL 磷酸盐缓冲液或生理盐水的无菌均质杯内，以 8000～10000 r/min 均质 1～2 min，或放入盛有 225 mL 稀释液的无菌均质袋中，用拍击式均质器拍打 1～2 min，制成 1∶10 的样品匀液。

(2) 液体样品：以无菌吸管吸取 25 mL 样品置于盛有 225 mL 磷酸盐缓冲液或生理盐水的无菌锥形瓶 (瓶内预置适当数量的无菌玻璃珠) 中，充分混匀，制成 1∶10 的样品匀液。

(3) 用 1 mL 无菌吸管或微量移液器吸取 1∶10 样品匀液 1 mL，沿管壁缓慢注于盛有 9 mL 稀释液的无菌试管中 (注意吸管或吸头尖端不要触及稀释液面)，振摇试管或换用 1 支无菌吸管反复吹打使其混合均匀，制成 1∶100 的样品匀液。

(4) 按 (3) 操作程序，制备 10 倍系列稀释样品匀液。每递增稀释一次，换用 1 次 1 mL 无菌吸管或吸头。

(5) 根据对样品污染状况的估计，选择 2～3 个适宜稀释度的样品匀液 (液体样品可包括原液)，在进行 10 倍递增稀释时，吸取 1 mL 样品匀液于无菌平皿内，每个稀释度做两个平皿。同时，分别吸取 1 mL 空白稀释液加入两个无菌平皿内作空白对照。

(6) 及时将 15～20 mL 冷却至 46℃ 的平板计数琼脂培养基 [可放置于 (46±1)℃ 恒温水浴箱中保温] 倾注于平皿，并转动平皿使其混合均匀。

2. 培养

(1) 待琼脂凝固后，将平板翻转，(36±1)℃培养(48±2)h。水产品(30±1)℃培养(72±3)h。

(2) 如果样品中可能含有在琼脂培养基表面弥漫生长的菌落时，可在凝固后的琼脂表面覆盖一薄层琼脂培养基(约 4 mL)，凝固后翻转平板，按上述条件进行培养。

3. 菌落计数

可用肉眼观察，必要时用放大镜或菌落计数器，记录稀释倍数和相应的菌落数量。菌落计数以菌落形成单位(colony-forming units，CFU)表示。

(1) 选取菌落数在 30～300 CFU 之间、无蔓延菌落生长的平板计数菌落总数。每个稀释度的菌落数应采用两个平板的平均数。其中一个平板有较大片状菌落生长时，则不宜采用，而应以无片状菌落生长的平板作为该稀释度的菌落数；若片状菌落不到平板的一半，而其余一半中菌落分布又很均匀，即可计算半个平板后乘以 2，代表一个平板菌落数。

(2)若只有一个稀释度平板上的菌落数在适宜计数范围内，计算两个平板菌落数的平均值，再将平均值乘以相应稀释倍数，作为1g(mL)样品中菌落总数结果。

(3)若有两个连续稀释度的平板菌落数在适宜计数范围内时，按式(9-1)计算：

$$N = \frac{\sum C}{(n_1 + 0.1n_2)d} \tag{9-1}$$

式中，N——样品中菌落数；

$\sum C$——平板(含适宜范围菌落数的平板)菌落数之和；

n_1——第一稀释度(低稀释倍数)平板个数；

n_2——第二稀释度(高稀释倍数)平板个数；

d——稀释因子(第一稀释度)。

(4)若所有稀释度的平板上菌落数均大于300 CFU，则对稀释度最高的平板进行计数，其他平板可记录为多不可计，结果按平均菌落数乘以最高稀释倍数计算。

(5)若所有稀释度的平板菌落数均小于30 CFU，则应按稀释度最低的平均菌落数乘以稀释倍数计算。

(6)若所有稀释度(包括液体样品原液)平板均无菌落生长，则以小于 1 乘以最低稀释倍数计算。

(7)若所有稀释度的平板菌落数均不在30～300 CFU 之间，其中一部分小于30 CFU 或大于300 CFU 时，则以最接近30 CFU 或300 CFU 的平均菌落数乘以稀释倍数计算。

四、结果分析

(1)菌落数小于100 CFU 时，按"四舍五入"原则修约，以整数报告。

(2)菌落数大于或等于100 CFU 时，第 3 位数字采用"四舍五入"原则修约后，取前 2 位数字，后面用 0 代替位数；也可用 10 的指数形式来表示，按"四舍五入"原则修约后，采用两位有效数字。

(3)若所有平板上为蔓延菌落而无法计数，则报告菌落蔓延。

(4)若空白对照上有菌落生长，则此次检测结果无效。

五、附培养基和试剂制法

1. 平板计数琼脂(plate count agar，PCA)培养基

1)成分

胰蛋白胨	5.0 g
酵母浸膏	2.5 g

葡萄糖	1.0 g
琼脂	15.0 g
蒸馏水	1000 mL
pH	7.0±0.2

2)制法

将上述成分加于蒸馏水中，煮沸溶解，调节 pH。分装试管或锥形瓶，121℃高压灭菌 15 min。

2. 磷酸盐缓冲液

1)成分

磷酸二氢钾	34.0 g
蒸馏水	500 mL
pH	7.2

2)制法

储存液：称取 34.0 g 的磷酸二氢钾溶于 500 mL 蒸馏水中，用大约 175 mL 的 1 mol/L 氢氧化钠溶液调节 pH，用蒸馏水稀释至 1000 mL 后储存于冰箱。

稀释液：取储存液 1.25 mL，用蒸馏水稀释至 1000 mL，分装于适宜容器中，121℃高压灭菌 15 min。

3. 无菌生理盐水

1)成分

| 氯化钠 | 8.5g |
| 蒸馏水 | 1000 mL |

2)制法

称取 8.5 g 氯化钠溶于 1000 mL 蒸馏水中，121℃高压灭菌 15 min。

第二节　食品中大肠菌群的计数

一、原理和方法

大肠菌群是指一群在 37℃、24h 能发酵乳糖产酸产气的需氧或兼性厌氧革兰氏阴性无芽孢杆菌。大肠菌群并非细菌学分类命名，它不代表某一个或某一属细菌，而是指具有某些特性的一组与粪便污染有关的细菌，这些细菌在生化及血清学方面并非完全一致。一般认为该菌群的细菌可包括大肠埃希氏菌（*Escherichia coli*）、柠檬酸杆菌（*Citrobacter*）、产气克雷白氏菌（*Klebsiella aerogenes*）和阴沟肠杆菌（*Enterobacter cloacae*）等。调查研究表明，大肠菌群细菌多存在于温血动物粪便、人类经常活动的场所及有粪便污染的地方，人、畜粪便对外界环境的污染是大肠菌群在自然界存在的主要原因。粪便中多以典型大肠杆菌为主，而外界环境中则以大肠菌群其他型别较多。多年来，国内外都以大肠杆菌作为食品、水体污染的常用指标菌之一，并评价和判断食品被粪便污染的程度和有无肠道致病菌污染的可能。

大肠菌群作为一种粪便污染指示菌，若有该菌群检出则表示食品中有粪便污染。粪便内除一般正常细菌外，也会有一些肠道致病菌存在（如沙门氏菌、志贺氏菌等），因而食品中有粪便污染，则可以推测该食品中存在着肠道致病菌污染的可能性，潜伏着食物中毒和流行病的威胁。大肠菌群值的高低，既反映出在加工过程中受到粪便污染的程度，也可由之推断出存在受肠道致病菌污染的可能，提示再进一步进行致病菌的专项检验。目前，大肠菌群已被包括我国在内的多数国家用作食品的卫生质量鉴定指标，并对其提出了严格的限定标准。

目前普遍使用 MPN 法（最大可能数法）和平板计数法来测定食品中的大肠菌群。MPN 法是一种应用概率理论来估算细菌浓度的方法。细菌在样本内的分布是随机的，所以检测细菌时，可按概率理论计算菌数。如果每份接种样的细菌数平均值为 V_1，每个接种管中进入 $k(k=0、1、2\cdots\cdots)$ 个菌的概率 P_n 接近于泊松分布。MPN 法是基于泊松分布的一种间接计数方法。平板计数法（CFU）是根据微生物在固体培养基上所形成的一个菌落由一个单细胞繁殖而成的现象进行的，也就是说一个菌落即代表一个单细胞。计数时，先将待测样品作一系列稀释，样品经适当稀释后，其中的微生物充分分散为单个细胞。取一定量的稀释液接种到平板上培养，由每个单细胞生长繁殖形成肉眼可见的菌落，即一个单菌落应代表原样品中的一个单细胞。统计菌落数，根据其稀释倍数和取样接种量即可换算出样品中的含菌量。

二、设备和材料

1. 设备

除微生物实验室常规灭菌及培养设备外，其他设备如下：恒温培养箱，冰箱，恒温水浴箱，天平，均质器，振荡器，无菌吸管（1 mL、10 mL）或微量移液器及吸头，锥形瓶，培养皿（90 mm），pH 计或 pH 比色管或精密 pH 试纸，菌落计数器。

2. 材料

月桂基硫酸盐胰蛋白胨(LST)肉汤、煌绿乳糖胆盐(BGLB)肉汤、结晶紫中性红胆盐琼脂(VRBA)、磷酸盐缓冲液、无菌生理盐水、无菌 1 mol/L NaOH、无菌 1 mol/L HCl(参见第五部分"培养基和试剂制法")。

三、操作方法

第一法　大肠菌群 MPN 计数法

1. 检验程序

大肠菌群 MPN 计数法检验程序见图 9-2。

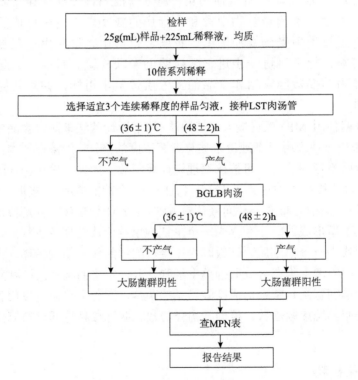

图 9-2　大肠菌群 MPN 计数法检验程序

2. 操作步骤

1)样品的稀释

(1)固体和半固体样品:称取 25 g 样品,放入盛有 225 mL 磷酸盐缓冲液或生理盐水的无菌均质杯内,以 8000～10000 r/min 均质 1～2 min,或放入盛有 225 mL

磷酸盐缓冲液或生理盐水的无菌均质袋中，用拍击式均质器拍打 1～2 min，制成 1∶10 的样品匀液。

(2)液体样品：以无菌吸管吸取 25 mL 样品置于盛有 225 mL 磷酸盐缓冲液或生理盐水的无菌锥形瓶(瓶内预置适当数量的无菌玻璃珠)中，充分混匀，制成 1∶10 的样品匀液。

(3)样品匀液的 pH 应为6.5～7.5，必要时分别用 1 mol/L NaOH 或 1 mol/L HCl 调节。

(4)用 1 mL 无菌吸管或微量移液器吸取 1∶10 样品匀液 1 mL，沿管壁缓缓注入9 mL 磷酸盐缓冲液或生理盐水的无菌试管中(注意吸管或吸头尖端不要触及稀释液面)，振摇试管或换用 1 支 1 mL 无菌吸管反复吹打，使其混合均匀，制成 1∶100 的样品匀液。

(5)根据对样品污染状况的估计，按上述操作，依次制成十倍递增系列稀释样品匀液。每递增稀释 1 次，换用 1 支 1 mL 无菌吸管或吸头。从制备样品匀液至样品接种完毕，全过程不得超过 15 min。

2)初发酵实验

每个样品,选择 3 个适宜的连续稀释度的样品匀液(液体样品可以选择原液)，每个稀释度接种 3 管月桂基硫酸盐胰蛋白胨(LST)肉汤，每管接种 1 mL(如接种量超过 1 mL，则用双料 LST 肉汤)，(36±1)℃培养(24±2)h，观察导管内是否有气泡产生，(24±2)h 产气者进行复发酵实验，如未产气则继续培养至(48±2)h，产气者进行复发酵实验。未产气者为大肠菌群阴性。

3)复发酵实验

用接种环从产气的 LST 肉汤管中分别取培养物 1 环，移种于煌绿乳糖胆盐肉(BGLB)管中，(36±1)℃培养(48±2)h，观察产气情况。产气者，计为大肠菌群阳性管。

第二法　大肠菌群平板计数法

1. 检验程序

大肠菌群平板计数法的检验程序见图 9-3。

2. 操作步骤

1)样品的稀释

按 MPN 计数法样品稀释进行。

2)平板计数

(1)选取 2～3 个适宜的连续稀释度，每个稀释度接种 2 个无菌平皿，每皿 1 mL。同时取 1 mL 生理盐水加入无菌平皿作空白对照。

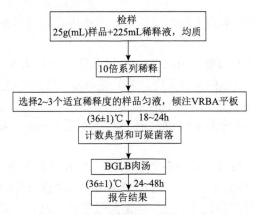

图9-3　大肠菌群平板计数法检验程序

(2) 及时将 15～20 mL 已融化并恒温至 46℃ 的结晶紫中性红胆盐琼脂 (VRBA)约倾注于每个平皿中。小心旋转平皿，将培养基与样液充分混匀，待琼脂凝固后，再加 3～4 mL VRBA 覆盖平板表层。翻转平板，置于(36±1)℃培养 18～24h。

3) 平板菌落数的选择

选取菌落数在 15～150 CFU 的平板，分别计数平板上出现的典型和可疑大肠菌群菌落(如菌落直径较典型菌落小)。典型菌落为紫红色，菌落周围有红色的胆盐沉淀环，菌落直径为 0.5 mm 或更大，最低稀释度平板低于 15CFU 的，记录为具体菌落数。

4) 证实试验

从 VRBA 平板上挑取 10 个不同类型的典型和可疑菌落，少于 10 个菌落的挑取全部典型和可疑菌落。分别移种于 BGLB 肉汤管内，(36±1)℃培养 24～48h，观察产气情况。凡 BGLB 肉汤管产气，即可报告为大肠菌群阳性。

四、结果分析

1. 大肠菌群最可能数(MPN)的报告

按复发酵试验，确证的大肠菌群 LST 阳性管数，检索 MPN 表(表 9-1)，报告 1g(mL)样品中大肠菌群的 MPN 值。

2. 大肠菌群平板计数的报告

经最后证实为大肠菌群阳性的试管比例乘以平板菌落数，再乘以稀释倍数，即为 1 g(mL)样品中大肠菌群数。例如，10^{-4} 样品稀释液 1 mL，在 VRBA 平板上有 100 个典型和可疑菌落，挑取其中 10 个接种 BGLB 肉汤管，证实有 6 个阳性管，则该样品的大肠菌群数为 $100\times6/10\times10^{4}/g(mL)=6.0\times10^{5}CFU/g(mL)$。若所有稀释度(包括液体样品原液)平板均无菌落生长，则以小于 1 乘以最低稀释倍数计算。

五、附培养基和试剂制法

1. 月桂基硫酸盐胰蛋白胨(LST)肉汤

1)成分

胰蛋白胨或胰酪胨	20.0 g
氯化钠	5.0 g
乳糖	5.0 g
磷酸氢二钾	2.75 g
磷酸二氢钾	2.75 g
月桂基硫酸钠	0.1 g
蒸馏水	1000 mL
pH	6.8±0.2

2)制法

将上述成分溶解于蒸馏水中，调节 pH。分装到有玻璃小导管的试管中，每管 10 mL，121℃高压灭菌 15 min。

2. 煌绿乳糖胆盐(BGLB)肉汤

1)成分

蛋白胨	10.0 g
乳糖	10.0 g
牛胆粉溶液	200 mL
0.1%煌绿水溶液	13.3 mL
蒸馏水	800 mL
pH	7.2±0.1

2)制法

将蛋白胨、乳糖溶于约 500 mL 蒸馏水中，加入牛胆粉溶液 200 mL(将 20.0 g 脱水牛胆粉溶于 200 mL 蒸馏水中,调节 pH 至 7.0～7.5)，用蒸馏水稀释到 975 mL，调节 pH，再加入 0.1%煌绿水溶液 13.3 mL。用蒸馏水补足到 1000 mL，用棉花过滤后，分装到有玻璃小导管的试管中，每管 10 mL。121℃高压灭菌 15 min。

3. 结晶紫中性红胆盐琼脂(VRBA)

1)成分

蛋白胨	7.0 g
酵母膏	3.0 g
乳糖	10.0 g
氯化钠	5.0 g

胆盐或 3 号胆盐	1.5 g
中性红	0.03 g
结晶紫	0.002 g
琼脂	15～18 g
蒸馏水	1000 mL
pH	7.4±0.1

2)制法

将上述成分溶于蒸馏水中，静置几分钟，充分搅拌，调节 pH。煮沸 2 min，将培养基冷却至 45～50℃倾注平板。使用前临时制备，不得超过 3 h。

4．磷酸盐缓冲液

1)成分

磷酸二氢钾	34.0 g
蒸馏水	500 mL
pH	7.2

2)制法

储存液：称取 34.0 g 磷酸二氢钾溶于 500 mL 蒸馏水中，用大约 175 mL 1 mol/L 氢氧化钠溶液调节 pH，用蒸馏水稀释至 1000 mL 后储存于冰箱。

稀释液：取储存液 1.25 mL，用蒸馏水稀释至 1000 mL，分装于适宜容器中，121℃高压灭菌 15 min。

5．无菌生理盐水

1)成分

氯化钠	8.5 g
蒸馏水	1000 mL

2)制法

称取 8.5 g 氯化钠溶于 1000 mL 蒸馏水中，121℃高压灭菌 15 min。

6．1mol/L NaOH 溶液

1)成分

氢氧化钠	40.0 g
蒸馏水	1000 mL

2)制法

称取 40 g 氢氧化钠溶于 1000 mL 蒸馏水中，121℃高压灭菌 15 min。

7. 1 mol/L HCl 溶液

1）成分

浓盐酸	90 mL
蒸馏水	1000 mL

2）制法

移取浓盐酸 90 mL，用蒸馏水稀释至 1000 mL，121℃高压灭菌 15 min。

六、附大肠菌群最可能数（MPN）检索表

1 g（mL）检样中大肠菌群最可能数（MPN）的检索见表 9-1。

表 9-1　大肠菌群最可能数（MPN）检索表

阳性管数			MPN	95%可信限		阳性管数			MPN	95%可信限	
0.10	0.01	0.001		下限	上限	0.10	0.01	0.001		下限	上限
0	0	0	<3.0	—	9.5	2	2	0	21	4.5	42
0	0	1	3.0	0.15	9.6	2	2	1	28	8.7	94
0	1	0	3.0	0.15	11	2	2	2	35	8.7	94
0	1	1	6.1	1.2	18	2	3	0	29	8.7	94
0	2	0	6.2	1.2	18	2	3	1	36	8.7	94
0	3	0	9.4	3.6	38	3	0	0	23	4.6	94
1	0	0	3.6	0.17	18	3	0	1	38	8.7	110
1	0	1	7.2	1.3	18	3	0	2	64	17	180
1	0	2	11	3.6	38	3	1	0	43	9	180
1	1	0	7.4	1.3	20	3	1	1	75	17	200
1	1	1	11	3.6	38	3	1	2	120	37	420
1	2	0	11	3.6	42	3	1	3	160	40	420
1	2	1	15	4.5	42	3	2	0	93	18	420
1	3	0	16	4.5	42	3	2	1	150	37	420
2	0	0	9.2	1.4	38	3	2	2	210	40	430
2	0	1	14	3.6	42	3	2	3	290	90	1 000
2	0	2	20	4.5	42	3	3	0	240	42	1 000
2	1	0	15	3.7	42	3	3	1	460	90	2 000
2	1	1	20	4.5	42	3	3	2	1100	180	4 100
2	1	2	27	8.7	94	3	3	3	>1100	420	—

注：1. 本表采用 3 个稀释度[0.1g（mL）、0.01 g（mL）和 0.001g（mL）]，每个稀释度接种 3 管。

2. 表内所列检样量如改用 1g（mL）、0.1 g（mL）和 0.01g（mL）时，表内数字应相应降低 10 倍；如改用 0.01g（mL）、0.001 g（mL）、0.0001g（mL）时，则表内数字应相应增加 10 倍，其余类推。

第三节　食品中霉菌和酵母计数

一、原理和方法

霉菌和酵母广布于自然环境中。它们有时是食品正常菌相的一部分，但有时也能造成多种食品的腐败变质。因而，霉菌和酵母也常作为评价食品卫生质量的指标菌。目前，许多国家的食品微生物学常规检验中都包括霉菌和酵母计数。例如，美国、日本等国对进出口食品的检验均有霉菌和酵母计数并订有标准。

在大多数情况下，酵母对人类是有益的。但是，大量酵母的存在不仅可以引起食品风味下降和变质，甚至还可促进致病菌的生长。酵母对各种防腐剂、电离辐射照射、冷冻等抵抗力较强，有可能成为引起食品变质的优势菌。这类食品以酵母作为指标菌才能比较实际地反映出食品卫生质量。为此，本书建议将霉菌和酵母一起列为食品真菌的常规检验项目，以适应国际水平，促进我国食品卫生事业的发展。

二、设备和材料

1. 设备

除微生物实验室常规灭菌及培养设备外，其他设备如下：恒温培养箱，冰箱，恒温振荡器，天平，均质器，普通光学显微镜，无菌吸管(1 mL、10 mL)或微量移液器及吸头，锥形瓶，培养皿(90 mm)，无菌广口瓶，无菌试管，无菌牛皮纸袋，塑料袋。

2. 材料

马铃薯-葡萄糖-琼脂培养基，孟加拉红培养基(参见第五部分"培养基和试剂制法")。

三、操作方法

(一)检验程序

霉菌和酵母计数的检验程序见图9-4。

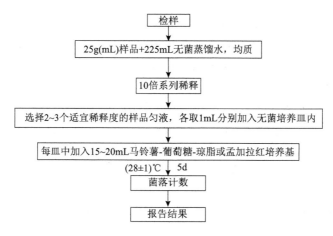

图 9-4　霉菌和酵母计数的检验程序

（二）操作步骤

1. 样品的稀释

（1）固体和半固体样品：称取 25 g 样品置于盛有 225 mL 灭菌蒸馏水的锥形瓶中，充分振摇，即为 1∶10 稀释液。或放入盛有 225 mL 无菌蒸馏水的均质袋中，用拍击式均质器拍打 2 min，制成 1∶10 的样品匀液。

（2）液体样品：以无菌吸管吸取 25 mL 样品至盛有 225 mL 无菌蒸馏水的锥形瓶（可在瓶内预置适当数量的无菌玻璃珠）中，充分混匀，制成 1∶10 的样品匀液。

（3）取 1 mL 1∶10 稀释液注入含有 9 mL 无菌水的试管中，另换一支 1 mL 无菌吸管反复吹吸，此液为 1∶100 稀释液。

（4）按（3）操作程序，制备 10 倍系列稀释样品匀液。每递增稀释一次，换用 1 次 1 mL 无菌吸管。

（5）根据对样品污染状况的估计，选择 2～3 个适宜稀释度的样品匀液（液体样品可包括原液），在进行 10 倍递增稀释的同时，每个稀释度分别吸取 1 mL 样品匀液于 2 个无菌平皿内。同时分别取 1 mL 样品稀释液加入 2 个无菌平皿作空白对照。

（6）及时将 15～20 mL 冷却至 46℃的马铃薯-葡萄糖-琼脂或孟加拉红培养基[可放置于（46±1）℃恒温水浴箱中保温]倾注平皿，并转动平皿使其混合均匀。

2. 培养

待琼脂凝固后，将平板倒置，（28±1）℃培养 5 d，观察并记录。

3. 菌落计数

肉眼观察，必要时可用放大镜，记录各稀释倍数和相应的霉菌和酵母数。以菌落形成单位(colony forming units，CFU)表示。

(1)选取菌落数在 10～150 CFU 的平板，根据菌落形态分别对霉菌和酵母计数。霉菌蔓延生长覆盖整个平板的可记录为多不可计。菌落数应采用两个平板的平均数。

(2)计算两个平板菌落数的平均值，再将平均值乘以相应稀释倍数计算。

(3)若所有平板上菌落数均大于 150 CFU，则对稀释度最高的平板进行计数，其他平板可记录为多不可计，结果按平均菌落数乘以最高稀释倍数计算。

(4)若所有平板上菌落数均小于 10 CFU，则应按稀释度最低的平均菌落数乘以稀释倍数计算。

(5)若所有稀释度平板均无菌落生长，则以小于 1 乘以最低稀释倍数计算；如为原液，则以小于 1 计数。

四、结果分析

(1)菌落数在 100 以内时，按"四舍五入"原则修约，采用两位有效数字报告。

(2)菌落数大于或等于 100 时，前 3 位数字采用"四舍五入"原则修约后，取前 2 位数字，后面用 0 代替位数来表示结果；也可用 10 的指数形式来表示，此时也按"四舍五入"原则修约，采用两位有效数字。

(3)称量取样以 CFU/g 为单位报告，体积取样以 CFU/mL 为单位报告，报告或分别报告霉菌和/或酵母数。

五、附培养基和试剂制法

1. 马铃薯-葡萄糖-琼脂

1)成分

马铃薯(去皮切块)	300 g
葡萄糖	20.0 g
琼脂	20.0 g
氯霉素	0.1 g
蒸馏水	1000 mL

2)制法

将马铃薯去皮切块，加 1000 mL 蒸馏水，煮沸 10～20 min。用纱布过滤，补加蒸馏水至 1000 mL。加入葡萄糖和琼脂，加热溶化，分装后，121℃灭菌 20 min。倾注平板前，用少量乙醇溶解氯霉素加入培养基中。

2. 孟加拉红培养基

1) 成分

蛋白胨	5.0 g
葡萄糖	10.0 g
磷酸二氢钾	1.0 g
硫酸镁（无水）	0.5 g
琼脂	20.0 g
孟加拉红	0.033 g
氯霉素	0.1 g
蒸馏水	1000 mL

2) 制法

上述各成分加入蒸馏水中，加热溶化，补足蒸馏水至 1000 mL，分装后，121℃灭菌 20 min。倾注平板前，用少量乙醇溶解氯霉素加入培养基中。

参 考 文 献

蔡静平. 2002. 粮油食品微生物学. 北京：中国轻工业出版社，253-278.
曹志军，卢利军，郑江，等. 2003. 测试实验室中测量不确定度评定. 长春：吉林科学技术出版社.
国家质量监督检验检疫总局产品质量监督司. 2002. 食品质量安全市场准入审查指南. 北京：中国标准出版社.
蒋云升，薛菲. 2013. 食品中大肠菌群检测技术进展. 扬州大学烹饪学报，03: 18-22.
李少，文喆. 2012. 食品微生物快速检测技术. 食品研究与开发，33(4): 226.
李慎安. 2002. 商品检验不确定度评定释例. 北京：中国计量出版社.
李玉玲，宋莉莉. 2005. 食品微生物学菌落总数检验中不确定度的评定. 中国卫生检验杂志，15(7): 880-896.
李志明. 2009. 食品卫生微生物学检验. 北京：化学工业出版社.
梁华丽，方毅. 2015. 简析食品微生物检测技术进展. 食品工程，1(3): 22-24.
沈萍，陈向东. 2007. 微生物学实验. 北京：高等教育出版社.
史长生. 2012. 食品中大肠菌群测定的分析研究. 食品研究与开发，08: 235-237.
舒代兰，沈亮. 2010. 食品中霉菌酵母计数方法的修订意见. 实验技术及应用，37(1): 87-89.
卫生部卫生监督中心卫生标准处. 2005. 食品卫生标准及相关法规汇编. 北京：中国标准出版社.
谢小恋. 2008. 食品中霉菌和酵母计数两种检验方法的结果比较. 检验与测试，6: 94-95.
杨静. 2014. 食品菌落总数检测结果出现异常现象的原因分析. 疾病监测与控制，1: 50-51.
叶思霞，蔡美平，罗燕娜. 2009. 食品微生物检测技术研究进展. 安徽农学通报，15(19): 181.
于东树，陈金金，熊炎. 2016. 食品菌落总数测定影响因素分析. 科技风，18: 140.

张翠, 刘帅, 张银菊, 等. 2014.食品微生物检测技术的研究进展. 食品技术研究, 10: 69-71.

张倩. 2011.食品微生物检验中菌落总数测定的分析. 食品工程, 1: 15-16.

GB 4789. 15—2016 食品安全国家标准 食品微生物学检验 霉菌和酵母计数, 2016.

GB 4789. 3—2016 食品安全国家标准 食品微生物学检验 大肠菌群计数, 2016.

GB/T 4789. 2—2016 食品安全国家标准 食品微生物学检验 菌落总数测定, 2016.

第三篇

食品检测实习实训管理及考核评定

一、教师管理

(1)认真履行教师的职责，遵守教师职业道德规范，树立为教学服务的思想，坚持把培养高素质、高技能、创新型的人才作为工作目标。

(2)认真做好实习教学的各项准备工作，了解学生所在专业和所实训的内容和要求。对实训设备和器材要仔细登记，认真管理，如有损坏，应查明原因，详细记录，并妥善处理。

(3)自觉遵守学校制订的各项规章制度，做到不迟到、不早退，不窜岗、不离岗。

(4)提前制订学期实训教学计划，认真执行教学计划、教学大纲和有关的实训管理制度，按时完成实训教学任务，保证实训教学质量。

(5)实训前必须对学生进行安全教育。

(6)认真做好学生技能实训的指导，使学生尽快掌握实际操作技能。

(7)积极巡回，耐心指导，及时解答学生提出的问题。实训期间指导教师无论何种原因，不得离开实训室。

(8)及时规范地填写《实训教学安排表》、《实验室使用登记本表》和《教学日志》，机器设备有故障必须如实详细记录在《实验室使用登记本表》上，以便管理员维修。

(9)认真听取其他指导教师、实验室管理人员和学生们的意见，对教学中存在的问题及时向主管领导汇报，并研究解决问题的方案，采取措施及时解决，不断提高教学质量。

(10)积极参加教研活动和学校的各项活动，努力学习基础理论和专业知识，拓宽知识面，不断提高自身素质，提高技术和教学水平，以适应不断深化的教学实训的需要。

(11)以身作则，为人师表，协助主管领导、班主任及任课教学做好教学指导工作。

(12)负责学生实训成绩的考核，并做到公平公正、准确及时。

(13)实训期间不得带任何外来人员进入实训室，更不得将实训室的物品带出或转借他人。如有特殊情况，应及时请示主管部门或主管领导批准。

(14)如遇异常、紧急情况，应迅速向主管部门报告有关情况，妥善及时处理现场，使损失降低到最小。

(15)根据学校发展情况，应经常性地对专业设置、实训实验室建设等方面提出合理化的建议。

(16)各实训指导教师应认真学习本细则的安全操作规程。

二、学生管理

(1)实训、实习是培养方案中规定的重要组成部分，均属必修课，每个学生都应认真参加，获得及格以上(含及格)成绩方准毕业。因故不能参加实训，应随下一届学生补加实训环节。

(2)每个学生必须参加实训前的操作规程及安全方面的各项教育活动，要认真学习实习指导书和本细则内容，了解实习计划和具体安排，明确实习的目的和要求。

(3)每个学生应将实训内容逐日记录在实习手册上，认真积累资料并写出实训报告。实训报告是实训成绩考核评分的重要依据之一，凡未按规定完成实训报告或实训报告撰写不规范者，应补做完成或重做，否则不准参加实训成绩的考核。

(4)要刻苦学习专业知识和技能，尊重指导教师的劳动成果，主动接受指导教师、专业技术人员的指导，虚心求教，做到三勤(口勤、手勤、腿勤)，随时总结自己，提高实训成绩和实训效果，努力掌握专业操作技术。

(5)严格遵守学校的各项规章制度和实训环节的有关规定，服从院系里的安排。

(a)严格遵守实习的各项规章制度，严格执行学校规定的实习作息时间，不准迟到、早退。除特殊情况外，不准请假。

(b)实训中认真听讲，善于思考，谨慎操作，完成规定的实训作业和课后作业(实训报告)。

(c)自觉爱护实训设施、设备，注意节约消耗品。如果违章操作，损坏实习设备，根据情节及后果要照价赔偿。

(d)实训时不准聊天、看小说，绝不允许打闹；不遵守此项管理规定而发生事故的要追究责任。

(e)不准把校外人员或其他非实训人员带入实训室，更不准让非实训人员动用实训设施、设备。

三、食品检测实习实训效果评价

(1)各种实训不得免修，成绩不及格者，在校期间需重修。

(2)实训结束后，学生根据实训大纲和实训指导书的内容及要求，完成实训的全部任务，提交撰写的实训日志、实训报告及实训单位的考勤表复印件、鉴定意见(含成绩)后方可参加考核。

(3)指导教师结合学生在实训期间的表现、态度、任务完成情况、实践实训日志及总结报告、实训单位指导人员的评语、实训效果等对学生实训进行综合评价，评定实训成绩。

(4)实训成绩评定时，优秀率一般不超过实训生总数的1/4，并评选出5篇左右的优秀实训报告给予表彰。

(5)对未能达到实训大纲的基本要求，实训期间请假、缺席超过全部实训时间的 1/3 以上，实训报告马虎潦草、内容有明显错误，考核时不能回答主要问题或回答有原则性错误的学生，做不及格处理，实训成绩记入学生成绩档案。

索　引